羊病诊疗原色图谱

第二版

陈怀涛　贾　宁　主编

中国农业出版社

内容提要

本书收录羊的主要传染病、寄生虫病、普通病及肿瘤病共计71种，图186幅。每种疾病均介绍病原（病因）、典型症状与病变、诊断要点、防治措施及诊疗注意事项等内容。文字简明扼要，图片真实清楚，结构紧凑合理，容易掌握应用。本书可作为基层畜牧兽医工作者、羊场和羊养殖户饲养管理人员工作的重要参考，也可作为大中专学校相关专业学生学习的补充教材。

丛书编委会

本书第二版编审人员

主　编　陈怀涛　贾　宁

编　者　王桂荣（甘肃农业大学）

刘安典（陕西省畜牧兽医总站）

薛登民（西北农林科技大学）

张高轩（石河子大学）

曹光荣（西北农林科技大学）

刘光远（中国农业科学院兰州兽医研究所）

刘宗平（扬州大学）

杨鸣琦（西北农林科技大学）

许益民（扬州大学）

李健强（西北农林科技大学）

王雯慧（甘肃农业大学）

李晓明（甘肃农业大学）

黄有德（甘肃农业大学）

陈　虹（甘肃农业大学）

贾　宁（甘肃农业大学）

陈怀涛（甘肃农业大学）

审　稿　冯大刚　王锡祯

本书第一版编审人员

主　编　陈怀涛（甘肃农业大学动物医学院）

副主编　贾　宁（甘肃农业大学动物医学院）

编　者　刘安典（陕西省畜牧兽医总站）

曹光荣（西北农林科技大学动物医学院）

薛登民（西北农林科技大学动物医学院）

刘宗平（扬州大学兽医学院）

许益民（扬州大学兽医学院）

刘光远（中国农业科学院兰州兽医研究所）

黄有德（甘肃农业大学动物医学院）

胡永浩（甘肃农业大学动物医学院）

杨鸣琦（西北农林科技大学动物医学院）

李晓明（甘肃农业大学动物医学院）

王雯慧（甘肃农业大学动物医学院）

李健强（西北农林科技大学动物医学院）

张高轩（石河子大学动物科技学院）

李敬玺（河南科技学院）

张　锐（陇南市农业广播电视学校 ）

审　稿　王锡祯（甘肃农业大学动物医学院）

序 言

XUYAN

《兽医临床诊疗宝典》自2008年出版至今将近六年。经广大基层兽医工作者和动物饲养管理人员的临床实践，普遍认为这套丛书是比较适用的，解决了他们在动物疾病诊断与防治方面的许多问题，的确是一套很好的科普读物。

但是，随着我国养殖业的快速发展和畜牧兽医科技工作者对获取专业知识的欲望越来越高，这套“宝典”已不能完全适应经济社会进步的需求。在这种形势下，中国农业出版社决定立即对其进行修订，是非常适合适宜的。

鉴于丛书的总体架构和设计都比较科学适用，故第二版主要做了文字修改，以便更为准确、精炼、通俗、易懂。同时增加了一些较重要的疾病和图片，使各种动物的疾病和图片数量都有所增多，图片质量也有所提高，因此，本丛书的内容更为丰富多彩。

本丛书第二版也和原版一样，仍然凸显了图文并茂、简明扼要、突出重点、易于掌握等特点和优点。

在本丛书第二版付梓之际，对全体编审人员的严谨工作和付出的艰辛劳动，对提供图片和大力支持的所有同仁谨致谢意！

相信《兽医临床诊疗宝典》第二版为我国动物养殖业的发展定能发挥更加重要的作用。恳切希望广大读者对本丛书提出宝贵意见。

陈怀涛

2014年5月

第二版前言

DIERBANQIANYAN

《羊病诊疗原色图谱》自2008年出版至今已5年有余。根据中国农业出版社的部署和《兽医临床诊疗宝典》编委会的具体安排，我们对本书进行了认真修订。

《羊病诊疗原色图谱》第二版除文字作了全面修改外，其疾病数量增加11种，共计71种，图片共计186幅。

本书第二版基本保持了原版的结构， 疾病数量虽有所扩大，但仍以传染病、寄生虫病作为重点，因为这些疫病对养羊业的危害毕竟要比其他疾病严重得多。在疾病的内容方面，主要包括病原（病因）、典型症状与病变、诊断要点、防治措施及诊疗注意事项等。我们认为，这些内容对基层兽医人员来说是应当掌握的最重要的知识。

图文并茂是本书最重要的特色。图片来自编者多年来工作的积累和国内外同行的不吝提供。为保护图片提供者的知识产权和尊重他们的科学成果，每幅图注后都如实予以署名。

在本书第二版付梓之际，谨对中国农业出版社尤其责任编辑颜景辰同志，以及所有支持本书出版的同仁深表谢意！

尽管我们为本书第二版的质量提高做了力所能及的工作，但因水平有限，实践经验不足，书中定有不少缺点、错误，恳盼广大读者批评指正。

编　者

2014年5月

第一版前言

DIYIBANQIANYAN

在中国农业出版社的大力支持下，我们编写了《羊病诊疗原色图谱》，这是《兽医临床诊疗宝典》丛书之重要组成部分。

随着我国畜牧业的快速发展，羊的饲养数量也在不断增加。而养羊业的主要问题除饲养管理外，疾病的防治也是其中之一。在我国，羊的疾病十分复杂，除危害严重的传染病外，还有寄生虫病、营养代谢与中毒病等。这本图谱就是根据我国羊病的实际编写的，针对性很强。

《羊病诊疗原色图谱》在编写内容和资料选择上和以往有些羊病图书和图谱不尽相同。该图谱着眼于基层，力求实用。在内容方面包括疾病病原或病因、典型症状和图片、诊断要点、防治措施和诊疗注意事项。这些内容对临诊兽医工作者和饲养管理人员来说都是应当掌握的，其中诊断要点和防治措施更为重要，是每个疾病诊疗的重点。典型症状包括对疾病诊断有帮助的一些较重要的症状和眼观病理变化，图片也都是比较典型的，能够说明问题。因此本书的特点是简明扼要，图文并茂，重点突出，容易掌握。

在本图谱编写过程中得到了甘肃农业大学动物医学院、西北农林科技大学动物医学院、中国农业出版社等单位和许多同志的支持和关心，不少同仁还提供了珍贵的照片，在此一并致谢。

由于时间仓促，加之编者水平有限，错误和缺点在所难免，恳请广大读者提出宝贵意见。

编　者

2008年6月

目录

MULU

第一部分 传染病

第二部分 寄生虫病

第三部分 普通病及肿瘤病

第一部分 传染病

炭 疽

炭疽是由炭疽杆菌引起人兽共患的一种急性、热性、败血性传染病。羊常呈最急性经过，突然发病，可视黏膜发绀，天然孔出血。

【病原】炭疽杆菌是一种不运动的革兰氏阳性大杆菌，有荚膜。在组织或血液中，多呈单个或2～5个菌体相连的竹节状短链。在人工培养物内或自然界中，菌体呈长链状排列，并在适宜的条件下可形成芽孢。芽孢具有很强的抵抗力，在干燥环境中能存活12年以上。

【典型症状与病变】病羊常突然发病，昏迷，摇摆，全身战栗，呼吸困难，可视黏膜发绀，天然孔流出暗红色血液，且不易凝固，一般于数分钟或数小时内死亡。尸体迅速腐败膨胀，尸僵不全。剖检有时可见脾肿大、柔软（败血脾），肺呈轻度弥漫性充血、出血、水肿，肾常有出血坏死灶。

【诊断要点】病理变化可作诊断参考。从病羊或死羊耳静脉或末梢血管（如四肢）采血涂片，瑞氏染色或美蓝染色、镜检，若发现带有荚膜的单个、成双或呈短链的两端平直的粗大杆菌即可确诊。此时严禁剖检。必要时可进行细菌分离和阿斯科利氏环状沉淀试验（Ascoli氏反应）。

【防治措施】应用的疫苗有两种：一种是无毒炭疽芽孢苗，仅用于绵羊（对山羊毒力较强，不宜使用），皮下注射0.5毫升；另一种是Ⅱ号炭疽芽孢苗，山羊和绵羊均皮下注射，每只羊1毫升。当有炭疽发生时，及时隔离病羊，对污染的羊舍、地面及用具等立即用10%氢氧化钠溶液或20%漂白粉混悬液连续消毒3次，每次间隔1小时。对同群未发病羊，用青霉素连续注射3天，有预防作用。

羊炭疽一般病程短，常来不及治疗。但对病程稍缓慢的病羊及时使用特异血清或抗生素（炭疽杆菌对青霉素、土霉素敏感，其中青霉素最为常用）、磺胺类药物有一定疗效。如果将特异血清与抗生素合用，治疗效果更好。具体治疗方法如下：

（1）抗炭疽血清　30 ~ 60毫升，静脉注射，必要时间隔12 ~ 24小时再注射1次。

（2）青霉素　第一次用320万国际单位，肌内注射，以后每隔4 ~ 6小时用160万国际单位肌内注射，连用2 ~ 3天。

（3）硫酸链霉素　每千克体重10 ~ 15毫克，肌内注射，每天2次。用到体温降至常温时再继续用药2 ~ 3天。

（4）磺胺嘧啶　每千克体重0.1 ~ 0.2克，每天分2次，内服，连用2 ~ 3天。

【诊疗注意事项】羊炭疽与羊巴氏杆菌病、羊链球菌病、羊快疫、羊肠毒血症、羊猝疽、羊黑疫等疾病在症状和病变上相似，应注意鉴别（表1）。由于羊炭疽一般呈急性，因此，一旦怀疑本病应迅速采取防治措施。如病羊突然死亡，又检查不到明显病因时，首先应采血涂片，以发现是否有炭疽杆菌。

表1　羊炭疽与几种相似传染病的鉴别

疾病	病原	多发年龄	多发季节	主要症状	主要病变
炭疽	炭疽杆菌	成年	夏秋季	多突然死亡	天然孔出血，血凝不良，尸僵不全，脾肿大等
巴氏杆菌病	巴氏杆菌	幼龄绵羊	冬末、初春	高热，流鼻液，呼吸促迫	多发性出血，水肿，出血性或纤维素性肺炎
羊链球菌病	马链球菌兽疫亚种	各种年龄	冬、春季	发热，呼吸困难	咽喉部水肿，浆液、纤维素性肺炎，有引缕状渗出物
羊快疫	腐败梭菌	6～18月龄	秋末、冬季	突然死亡	颈胸部皮下水肿，出血性皱胃炎，浆膜腔积液
羊猝疽	C型产气荚膜梭菌	1～2岁	冬末、春季	突然死亡	出血、坏死性小肠炎，浆液、维素性腹膜炎

（续）

疾病	病原	多发年龄	多发季节	主要症状	主要病变
羊肠毒血症	D型产气荚膜梭菌	2～12月龄	春末、夏初与秋季	突然死亡、腹泻	软肾，出血性小肠炎，对称性脑软化
羊黑疫	B型诺维氏梭菌	2～4岁	春、夏季	突然死亡	皮下瘀血，胸、腹下与股内侧皮下胶样水肿，肝坏死灶

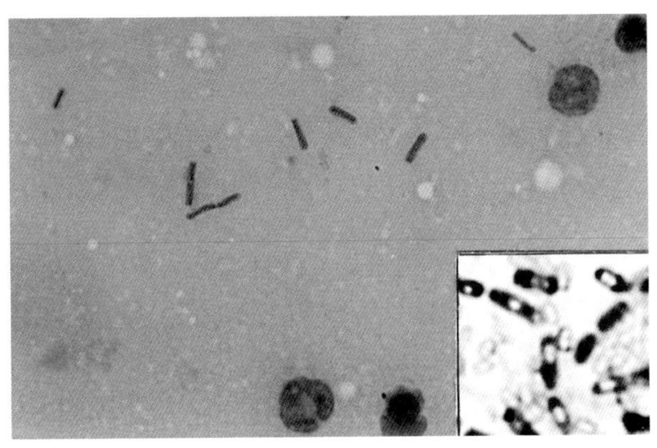

炭　疽

炭疽杆菌的形态：组织中的炭疽杆菌呈大杆状，其大小为（1.0～1.2）微米×（3.0～5.0）微米，在动物组织或血液中常单在或2～5个相连成短链，相连端平截，似竹节状，有厚层荚膜；革兰氏阳性。如形成芽孢，芽孢位于菌体中央或稍偏一端，呈椭圆形或圆形，不大于菌体（右下角插图）。Wright×1 000（胡永浩）

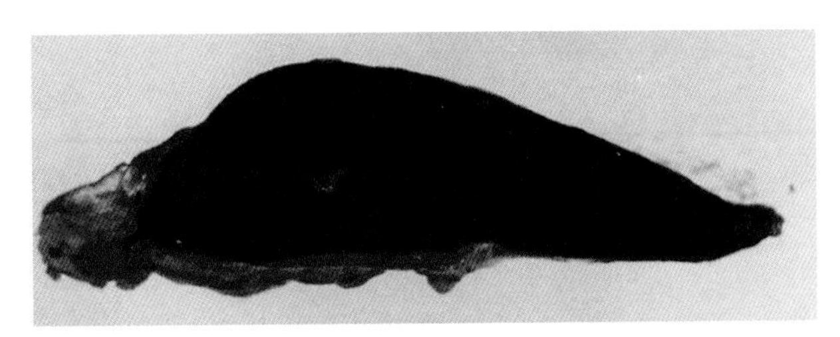

炭　疽

败血脾：一只病死山羊脾脏肿大柔软，切面呈紫黑色，结构模糊。(Mouwen J M V M，等)

巴氏杆菌病

巴氏杆菌病也称出血性败血病，主要是由多杀性巴氏杆菌引起的一种传染病。常发生于断奶羔羊，也可见于1岁龄左右的绵羊，山羊较少见。在绵羊，主要表现为败血症和肺炎。

【病原】多杀性巴氏杆菌为革兰氏阴性、两端钝圆、中央微凸的短杆菌。病羊组织或血液涂片，瑞氏染色，菌体呈两极着色。其抵抗力不强，对干燥、热和阳光敏感，用一般消毒剂在数分钟内便可被杀死。本菌对抗生素以及磺胺类药物均敏感。

【典型症状与病变】最急性多见于哺乳羔羊，突然发病，病羊表现寒战、呼吸困难等，往往几分钟或数小时内死亡。

急性时体温升高至41 ~ 42℃，咳嗽，流鼻液。先便秘，后腹泻，甚至排出血便。常因严重腹泻而死亡，病程2 ~ 5天。

慢性主要表现肺炎症状。病羊消瘦，流脓性鼻液，咳嗽，呼吸困难。颈部和胸下部有时发生水肿，并可见角膜炎、腹泻等。病程可长达3周。

病变表现为败血型和肺炎型。

败血型：皮下、肌肉间、浆膜明显出血和液体渗出。全身淋巴结尤其咽喉与肠系膜淋巴结出血、肿大，其周围组织胶样水肿。胸腔内有黄色渗出物，肺瘀血、水肿，呈浆液出血性肺炎变化，并可见出血或出血性梗死灶，还可见咽坏死灶、肝坏死灶与出血性胃肠炎。但脾无明显肿大。病程较长者，可见多发性关节炎、心外膜炎、脑膜炎等。

肺炎型：主要表现为纤维素性肺炎，肺中常有大小不等的坏死灶或坏死化脓性病灶。也可见胸膜炎和心包炎。

【诊断要点】根据流行特点、主要症状和病理变化可做初步诊断。从病羊肺、肝、脾及胸水取材涂片，用美蓝或瑞氏染色后镜检，发现两端浓染的卵圆形小杆菌，即可对本病做出诊断。

【防治措施】本病预防应加强饲养管理，避免羊受寒、拥挤等诱因。发病后可用高免血清或菌苗给羊群做紧急免疫接种，并用5%漂白粉液或10%石灰乳等彻底消毒圈舍、用具。

对病羊和可疑羊立即隔离治疗。庆大霉素、磺胺类药物等对本病均有良好的治疗效果。

(1) 青霉素 160万国际单位，肌内注射，每天2次，连用2 ~ 3天。

(2) 土霉素 每千克体重20毫克，肌内注射，每天2次，首次量加倍，连用3-5天。

(3) 庆大霉素 每千克体重1 000 ~ 1 500单位，肌内注射，每天2次，连用2 ~ 3天。

(4) 磺胺嘧啶钠注射液 每千克体重50 ~ 100毫克，肌内注射，每天2次，连用3 ~ 5天。

【诊疗注意事项】本病病原菌的检查在诊断上起决定作用。主要病变为出血、水肿和肺炎。由于多表现为急性，故生前诊断与治疗都应快速进行。本病应注意与炭疽、链球菌病等鉴别。

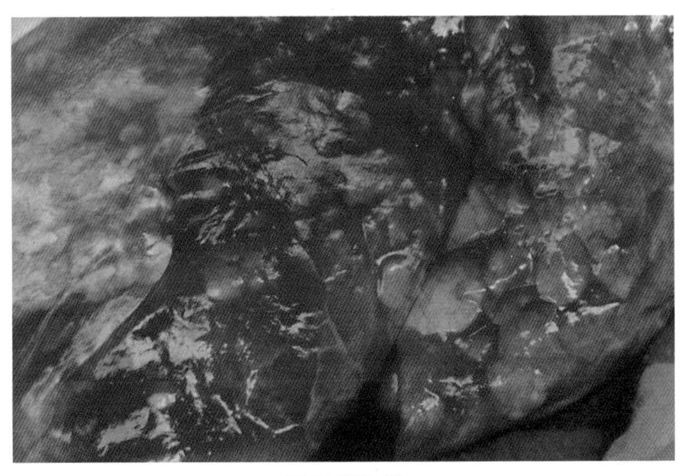

巴氏杆菌病

浆液出血性肺炎：肺脏充血、出血、水肿，颜色深红，间质增宽。(陈怀涛)

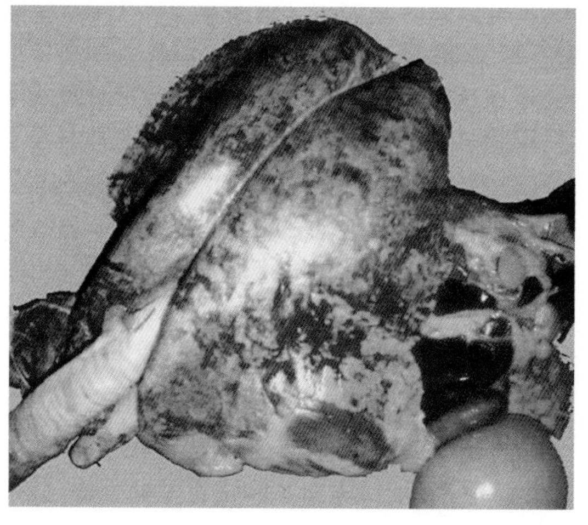

巴氏杆菌病

出血性肺炎：肺充血，色暗红，见大小不等的出血性肺炎灶。(贾宁)

巴氏杆菌病

纤维素性肺炎：肺瘀血，色暗红，切面见部分肺组织发生实变，呈灰红色。(陈怀涛)

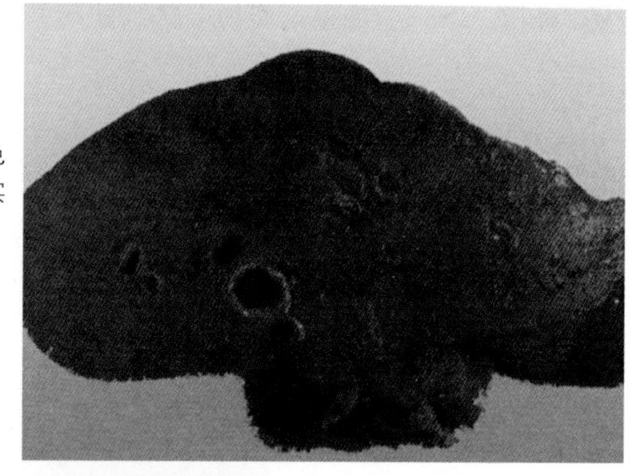

巴氏杆菌病

纤维素性肺炎：病羊右肺心叶颜色暗红，质地实在，肺胸膜有少量纤维素渗出。(陈怀涛)

布鲁氏菌病

布鲁氏菌病是由布鲁氏菌引起人兽共患的一种慢性传染病，主要侵害生殖器官，母羊表现流产与不育，公羊发生睾丸炎。

【病原】布鲁氏菌属有6个种，引起羊布鲁氏菌病的病原主要为马耳他布鲁氏菌（即羊布鲁氏菌），其次为绵羊布鲁氏菌。布鲁氏菌为革兰氏阴性球杆菌，无鞭毛、荚膜和芽孢。在土壤、水中和毛皮上能存活几个月，一般消毒药能很快将其杀死。

【典型症状与病变】病羊一般呈隐性经过，不表现症状。怀孕羊的主要症状是流产，流产多发生在怀孕的后期（3 ~ 4个月）。在流产前体温升高，精神沉郁，食欲减退，由阴道排出黏液或带血的黏液性分泌物。流产的胎儿多数死亡，成活的则极度衰弱，发育不良。流产胎儿呈败血症变化，浆膜和黏膜有出血斑点，皮下出血、水肿。胎衣水肿、增厚，呈黄色胶冻样，甚至有纤维素及脓液附着。肝脏可见坏死灶。流产母羊呈化脓、坏死性子宫内膜炎变化，黏膜表面可见污浊的脓液和黄白色坏死物。有时病羊因发生慢性关节炎而出现跛行。公羊可发生化脓、坏死性睾丸炎、附睾炎，睾丸明显肿大，切面可见淡黄色化脓、坏死灶。也可见精索增粗、肿胀等变化。

【诊断要点】根据流产与流产胎儿、胎衣等病变，可怀疑本病。依靠细菌学检查、血清学检查和变态反应检查才能确诊。虎红平板凝集试验是较简易的血清学检查法，被检血清与虎红平板抗原各0.03毫升滴于玻片，混匀，看有无凝集反应。绵羊和山羊的大群检疫，也常用血清平板凝集试验和变态反应检查。

【防治措施】本病以预防为主，一般不予治疗。发病后用试管凝集或平板凝集反应对羊群进行检疫，发现呈阳性和可疑反应的羊及时淘汰。对被污染的用具和场地等进行彻底消毒。流产胎儿、胎衣、羊水和产道分泌物要深埋。凝集反应阴性羊用冻干布鲁氏菌猪2号弱毒苗（采用注射法或饮水法）、冻干布鲁氏菌羊5号弱毒苗（采用气雾免疫或注射免疫，在配种前1 ~ 2个月进行为宜）或布鲁氏菌19号弱毒苗（仅用于绵羊）进行免疫接种。如欲治疗，可用土霉素、金霉素、链霉素及磺胺类药物等。

【诊疗注意事项】本病为人兽共患传染病，畜牧与兽医人员在饲养管理、接羔和防疫等工作中应注意严格消毒和个人防护。

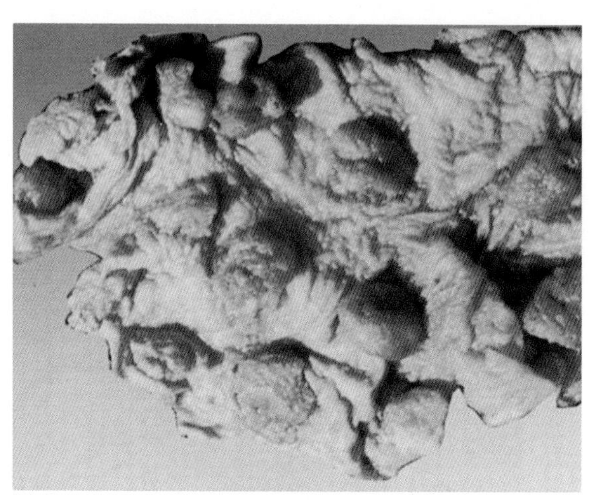

布鲁氏菌病

坏死性子叶炎：流产母羊的胎盘，见子叶明显出血、坏死。（张高轩）

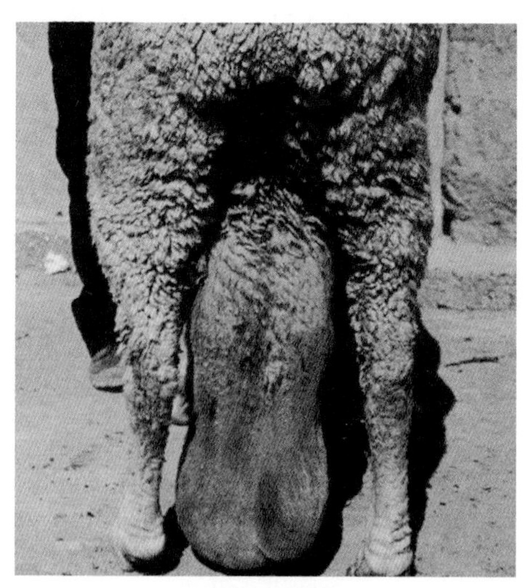

布鲁氏菌病

睾丸炎：睾丸发炎肿大，阴囊肿胀拖地，病羊行走困难。（张高轩）

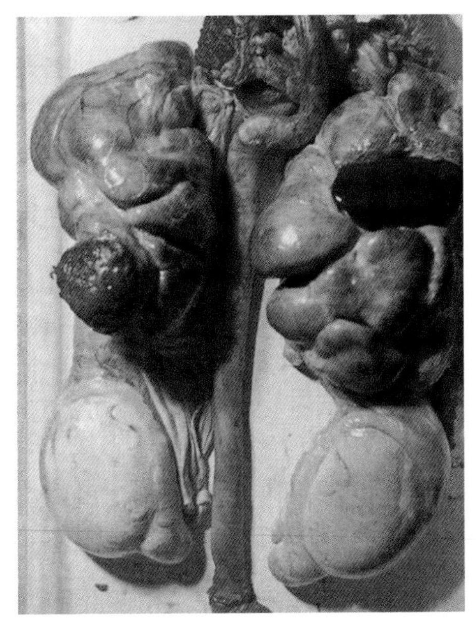

布鲁氏菌病

离体的精索和睾丸：精索呈结节或团块状。（张高轩）

坏死杆菌病

坏死杆菌病是羊和其他多种动物的一种慢性传染病，羊坏死杆菌病的特征病变为蹄部腐烂和口咽部黏膜发生坏死，有时在其他脏器（如肝）也可形成转移性坏死灶。本病多发于潮湿地区和多雨季节。

【病原】为坏死梭杆菌。本菌为革兰氏阴性、严格厌氧的细菌，具有多形性，小者呈球杆状，大者为长丝状，染色时因着色不均犹如串珠状。坏死梭杆菌对热、常用消毒剂、4%的醋酸敏感。

【典型症状与病变】绵羊患坏死杆菌病多于山羊，并常侵害蹄部，故常称腐蹄病。该病以蹄部皮肤、韧带和骨骼的进行性坏死为特征。病羊初期跛行，多为一肢患病。蹄间隙、蹄踵和蹄冠皮肤红肿，继而发生坏死，形成溃疡，挤压有恶臭的脓液流出。随病程的发展，坏死波及腱、韧带和关节，严重者蹄匣脱落。羔羊可发生坏死性口膜炎

（又称白喉），齿龈、颊、硬腭、舌及咽喉黏膜肿胀、坏死，形成假膜，强行撕掉则露出溃疡面。病轻者能很快恢复，重者往往由于内脏（肝、肺）形成转移性坏死灶而死亡。

【诊断要点】根据蹄、口黏膜坏死病变和症状可做初步诊断。必要时从病羊的病灶与健康组织的交界处采取病料涂片，用稀释石炭酸复红或碱性美蓝加温染色，镜检如见着色不匀，犹如串珠样的细长丝状菌即可确诊。

【防治措施】本病预防无特异性菌苗，只有采取综合性预防措施，加强饲养管理，保持环境清洁、干燥，防止皮肤和黏膜发生损伤，如发生破损，及时用5%碘酊消毒。

发病后采用局部疗法。如发生转移性病灶，应进行全身治疗，以注射磺胺嘧啶或土霉素效果最好，同时配合使用强心和解毒药，可促进康复，提高治愈率。同时可根据病情，配合全身抗菌和对症治疗。

1.局部疗法 对腐蹄病，彻底切除坏死组织，用10%～20%硫酸铜、5%福尔马林或1%高锰酸钾液清洗蹄部，再撒以磺胺粉，以水剂青霉素浸湿的绷带包扎，每天或隔天换药1次，或洗蹄后涂上抗生素软膏，再用绷带包扎。对坏死性口膜炎，先除去口腔内的坏死物，用0.1%高锰酸钾液冲洗，然后涂抹碘甘油或撒布冰硼散。

2.全身疗法

（1）20%复方磺胺嘧啶钠注射液 一次肌内注射8毫升，每天2次，连用5天。

（2）土霉素 每千克体重20毫克，肌内注射，每天1次，连用5天。

（3）硫酸庆大霉素注射液 16万～32万单位，加维生素C注射液2～4毫升、维生素B_1注射液2毫升。静脉注射，每天2次，连用3～5天。

（4）磺胺嘧啶钠 每千克体重10毫克，一次内服，每天3次，连用3～5天。

（5）中药方 龙骨30克、枯矾30克、乳香20克、乌贼骨15克。共研细末，以适量撒布于患部，每天1～2次，连用3～5天。

【诊疗注意事项】本病的病变位于蹄部和口腔，因此应注意与口蹄疫和羊传染性脓疱相鉴别。口蹄疫呈急性流行，牛、猪常同时发病；传染性脓疱无蹄部坏死病变。本病治疗时不能只注重病变部位的处理，应注意局部疗法与全身抗菌治疗的综合应用。

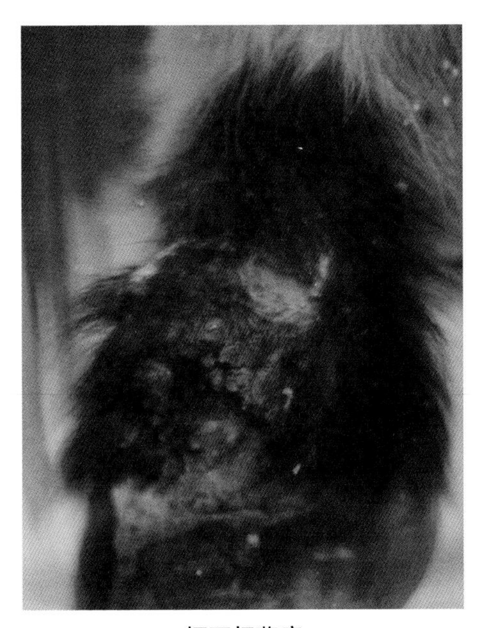

坏死杆菌病

坏死性蹄炎（腐蹄病）：蹄冠部皮肤严重坏死、腐烂。（甘肃农业大学兽医病理室）

李氏杆菌病

李氏杆菌病是由产单核细胞李氏杆菌引起人和多种动物共患的一种传染病，其特征为脑膜脑炎引起的神经症状，发病率低，死亡率高。绵羊的李氏杆菌病较为多见。

【病原】产单核细胞李氏杆菌为革兰氏阳性小杆菌，在抹片中多单个散在，或两个并列或排成V字形，无芽孢和荚膜。对外界环境抵抗力不强，一般消毒剂可将其灭活。

【典型症状与病变】病羊短期发热，精神沉郁，食欲减退，病后

2～3天出现神经症状，眼球突出，视力障碍或完全失明，头颈部及咬肌发生痉挛，头偏向一侧，行走时向一侧呈转圈运动，遇有障碍物时则以头抵住不动。后期卧地不起、昏迷、四肢划动呈游泳状。妊娠母羊常发生流产，羔羊常发生急性败血症而很快死亡。有神经症状的病羊，脑脊液中的淋巴细胞增多。特征病变是脑干部有微脓肿和单核细胞构成的血管管套。流产母羊表现胎盘炎，胎盘滞留，子叶水肿、坏死，子宫内膜充血、出血、坏死。

【诊断要点】根据流行病学特点和临诊表现可怀疑本病，病理变化及病原检查可做出诊断，有条件的还可进一步做细菌分离培养和鉴定。

【防治措施】本病发生时应实施隔离、消毒、治疗等一般防治措施。治疗以链霉素较好，但易引起抗药性。早期如大剂量应用磺胺类药物，或与抗生素并用，也有很好的治疗效果。

（1）链霉素　0.5克，注射水30毫升，一次肌内注射，连用5天。

（2）四环素　每千克体重5～10毫克，以5%葡萄糖盐水为溶媒，制成1 000毫升的注射液，每天一次，静脉注射，连用3～5天。

（3）12%复方磺胺甲基异噁唑注射液　80毫升，一次肌内注射，每天2次，连用5天，首次量加倍。

（4）氟苯尼考　内服量：每千克体重20毫克，一次内服，每天2次，连用3～5天；肌内注射量：每千克体重20毫克，一次肌内注射，每天1次，连用2天。孕羊禁用。

（5）盐酸氯丙嗪　每千克体重1～3毫克，一次肌内注射。

（6）20%磺胺嘧啶钠注射液　5～10毫升，肌内注射，每天2次，连用5天。

（7）青霉素　20万国际单位，链霉素0.25克，注射用水5毫升，羔羊一次肌内注射，每天2次，连用3～5天。

（8）庆大霉素　每千克体重1 000～1 500单位，肌内注射，每天2次，连用2～3天。

【诊疗注意事项】本病应与有神经症状的疾病（如多头蚴、狂蝇蛆病）及有流产症状的疾病（如布鲁氏菌病）相鉴别。本病可传染给人，应加强消毒和自身防护。

李氏杆菌病

羊头颈歪斜与转圈。(陈怀涛)

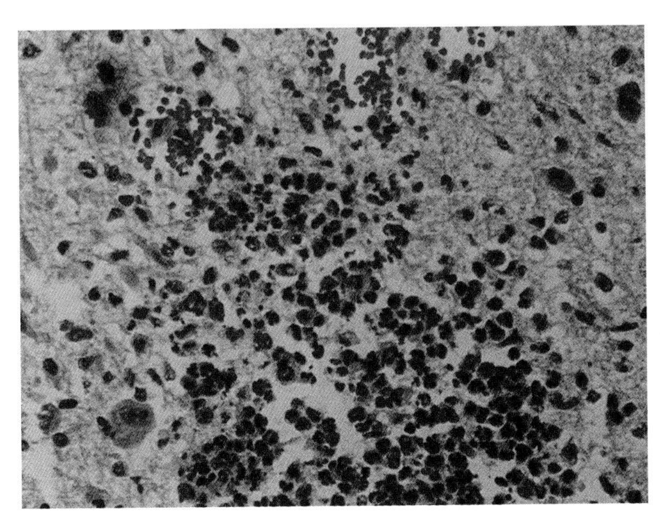

李氏杆菌病

脑干组织中见一个由中性粒细胞和胶质细胞组成的微脓肿，附近组织有出血。(陈怀涛)

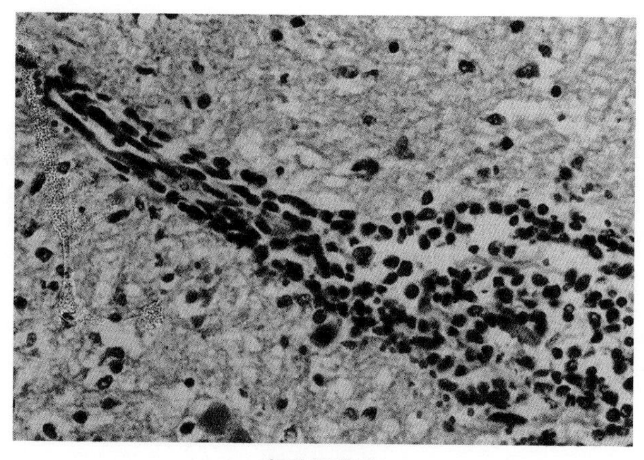

李氏杆菌病

血管套：脑血管周围有管套形成，管套主要为单核细胞。HEA × 400（陈怀涛）

结　核　病

结核病是由分支杆菌属的成菌引起人兽共患的一种慢性传染病。其特征是组织器官形成结核结节，即结核性肉芽肿。

【病原】本病的病原是分支杆菌属的3个种，即结核分支杆菌、牛分支杆菌和禽分支杆菌。牛和禽分支杆菌可感染绵羊，结核分支杆菌可引起山羊发病。分支杆菌为革兰氏阳性菌，不产生芽孢和荚膜，也不能运动，常用抗酸染色来观察本菌的形态。

【典型症状与病变】羊结核病一般呈慢性经过，初期无明显症状，后期病羊明显消瘦，呼吸困难，有时有鼻液流出。羊的结核病变多见于肺、胸腔内淋巴结及肝和脾。病变基本形式是形成特异性结核结节，并常发生干酪样坏死或钙化。①增生性结核结节：较多见，是机体抵抗力较强时的主要表现形式。表现在组织器官形成灰白色坚实的结节。中心部为干酪样坏死和钙化。中间部由上皮样细胞和巨细胞组成，外围部为普通肉芽组织。②渗出性结核结节：较少见。见于机体抵抗力弱时。③变质性结核结节：见于机体抵抗力极弱并处于过敏状态时。三种结核结节在一定条件下可以互相转化。

【诊断要点】依据流行特点、病理变化、结核菌素试验、细菌学和血清学试验等进行综合诊断。

【防治措施】本病以检疫、扑杀、消毒、净化饲养场等为主要防制措施。一般不予治疗。

【诊疗注意事项】本病生前很难做出诊断，只有当呼吸症状特别明显时才可能引起怀疑，此时可用一些实验室诊断法。健康羊群应加强防疫、检疫和消毒工作，防止疾病传入。本病为人兽共患传染病，防疫、检疫中应注意人员防护。

结核病

肺切面上见数个黄色干酪样结核结节。（贾宁）

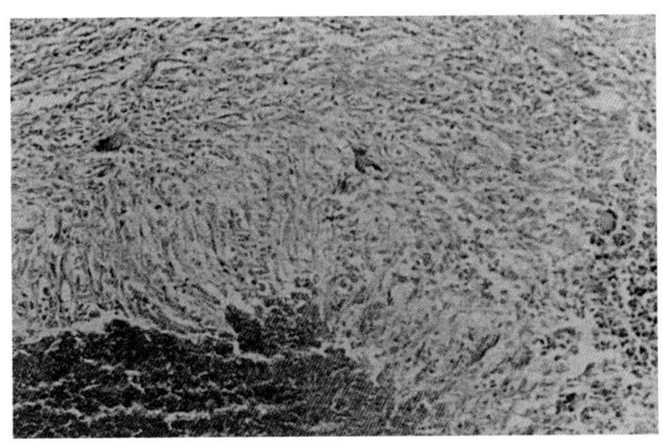

结核病

结核结节的组织结构（本图仅显示结节的上半部）：中心为红染的干酪样坏死，外围是上皮样细胞和数个散在的巨细胞，最外是结缔组织包囊。 HE×200（陈怀涛）

副结核病

副结核病又称副结核性肠炎，是一种慢性接触性传染病。其特征病变为特异性增生性肠炎，临诊主要症状为顽固性腹泻和进行性消瘦。

【病原】副结核分支杆菌为革兰氏阳性小杆菌，无运动能力、不形成荚膜和芽孢，具有抗酸染色特性。对外界抵抗力较强，在粪便中可存活4 ~ 8个月。但对热及紫外线敏感，75%酒精和10%漂白粉能很快将其杀死。

【典型症状与病变】病初为间歇性腹泻，粪便稀薄带恶臭，病羊体温、食欲、精神等无明显异常。后期表现持续性腹泻，甚至水样喷射状下痢，有时粪便带血。病羊消瘦、衰弱、脱毛、卧地，末期可并发肺炎。病程一般3 ~ 4个月，有些病例可达6个月至2年，最终因衰竭而死亡。尸体极度消瘦，可视黏膜苍白，皮下与肌间脂肪呈胶样水肿。回肠、盲肠和结肠的肠壁明显增厚，肠黏膜表面形成许多皱襞，或粗糙不平呈结节状，脑回样外观少见。组织上肠黏膜固有层和黏膜下层有程度不等的上皮样细胞、淋巴细胞、巨细胞增生，抗酸染色时上皮样细胞中有大量红色副结核杆菌。肠系膜淋巴结肿大、坚实，切面灰白或灰红，均质，呈髓样变，组织上其淋巴窦内可见大量巨噬细胞和上皮样细胞增生。

【诊断要点】根据临诊表现、特征病变及抗酸染色（病理组织切片或粪便黏液涂片）可确诊，必要时还可进行细菌分离培养和变态反应诊断（用副结核菌素或禽型结核菌素0.1毫升，注射于颈中部或尾根皱襞皮内，经48 ~ 72小时，如注射局部发红、肿胀，则为阳性）。

【防治措施】羊副结核病无治疗价值。对羊群可用提纯副结核菌素变态反应每年检疫4次，及时淘汰有临诊症状或变态反应阳性的病羊。用20%漂白粉混悬液或20%石灰乳彻底消毒圈舍、用具等。

【诊疗注意事项】本病初期症状不明显，易被忽视。如怀疑本病进行粪便检查时，应采取新鲜粪便的黏液，最好重复检查数次。胃肠道寄生虫病、营养不良、沙门氏菌病等也常有腹泻或消瘦症状，应注意鉴别。但这些疾病均无肠道的特征病变。

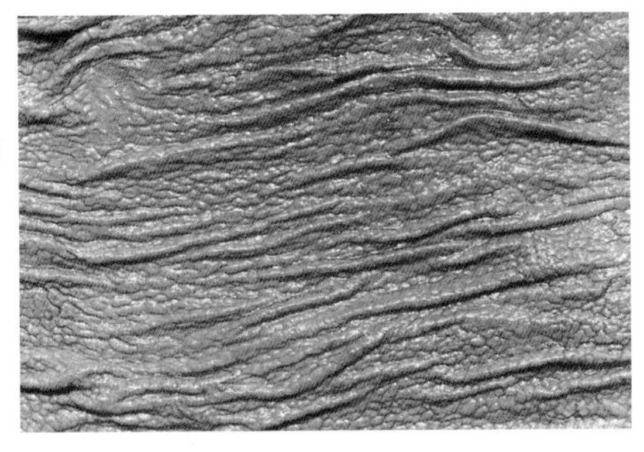

增生性肠炎

肠黏膜增厚，表面不平，呈扁平的结节状。（陈怀涛）

增生性淋巴结炎

一只病山羊肠系膜淋巴结的切面，皮质部呈灰白色髓样变，被膜下有薄层干酪样坏死（牛无干酪样坏死）。（Mouwen JMVM等）

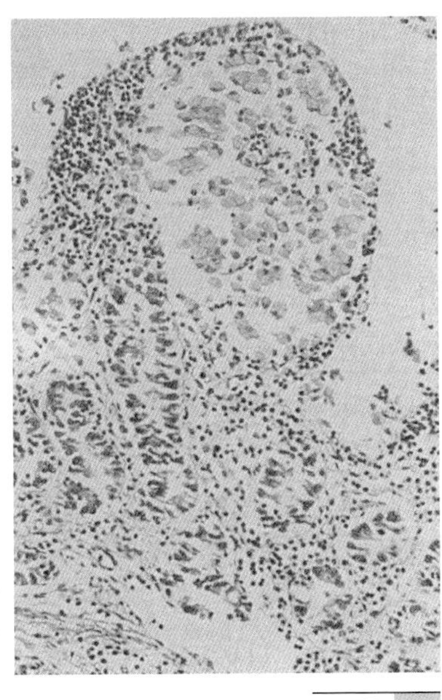

增生性肠炎

回肠绒毛增粗，绒毛中有许多上皮样细胞和巨噬细胞，附近有较多淋巴细胞分布

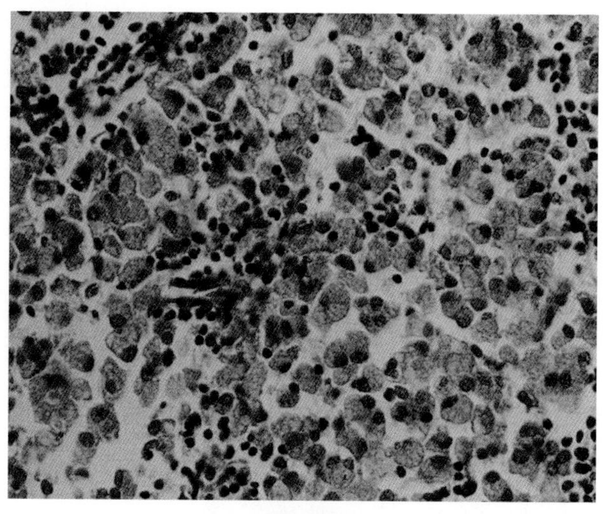

副结核病

肠系膜淋巴结的淋巴窦里有大量巨噬细胞和连片的上皮样细胞。 HE×400（陈怀涛）

羊假结核病

假结核病又称干酪性淋巴结炎，是由假（伪）结核棒状杆菌感染而引起羊的一种慢性接触性传染病，其特征是淋巴结发生化脓性炎症。本病病变因与结核病相似，故称假（伪）结核病,4 ~ 5岁的绵羊多发，主要经创伤感染。

【病原】假结核棒状杆菌，是一种具有多形性无芽孢革兰氏阳性杆菌。在新鲜脓汁中以杆状占优势，而陈旧脓汁中则以球状为主，在固体培养基上呈较为一致的球杆状。较长菌体的一端常形大，故呈棒状，单在或以栅栏状排列。

【典型症状与病变】呈慢性经过，一般无明显症状，病程长达数月至数年，较少死亡。病变多见于颈浅淋巴结、髂下淋巴结与下颌淋巴结，严重时可侵害胸腔与腹腔内的淋巴结和内脏器官。生前单侧淋巴结肿大，有的破溃排出淡绿黄色脓汁。化脓病变多在屠宰后或病死后剖检时才被发现。尸体消瘦，体表或内脏淋巴结肿大，切面有许多小化脓灶，随着疾病的发展，可形成带有厚层包囊的大脓肿，脓汁为淡绿色奶油状，后干涸成干酪状。内脏也可见到脓肿。由于化脓和包囊形成反复进行，致使干酪状化脓坏死物的切面可呈轮层状结构。

【诊断要点】根据淋巴结或内脏脓肿及其脓汁的特征可做初步诊断，从未破溃的脓肿抽取脓汁涂片、染色、镜检，发现典型假结核棒状杆菌则可确诊。

【防治措施】体表淋巴结的脓肿用外科方法将脓肿及其包囊一并摘除。病初用青霉素治疗。对有全身症状的病羊，可用0.5%黄色素10毫升静脉注射，同时静脉注射青霉素。平时应保持环境卫生，对环境与用具要进行定期消毒。皮肤如有创伤应及时处理。

【诊疗注意事项】体表淋巴结的病变生前易做出诊断，但脓肿位于体内时只能在剖检时发现。脓肿为本病的重要症状和病变，但其他多种病菌也可引起脓肿，因此必须注意鉴别。本病的脓肿处理固然重要，但更应做好皮肤和环境的清洁卫生工作，发现病羊及时隔离治疗。

羊假结核病

髂下（股前）淋巴结因化脓而高度肿大并下垂。(刘安典)

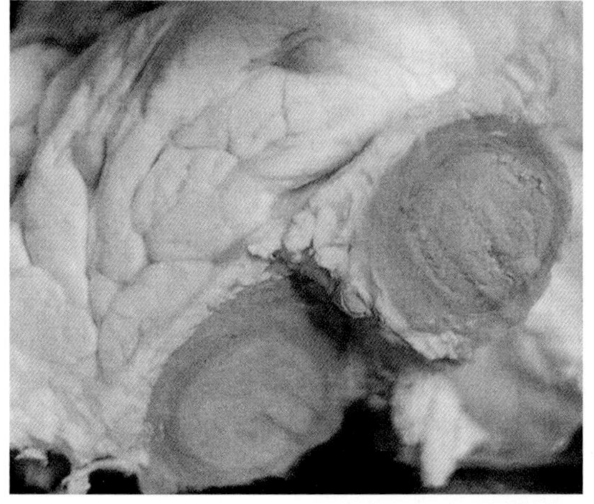

羊假结核病

网膜上有两个干酪性脓肿，其包囊很厚。(陈怀涛)

羊假结核病

肺干酪性脓肿：肺中有一个脓肿，其切面见包囊明显；肺胸膜与肋胸膜粘连。(陈怀涛)

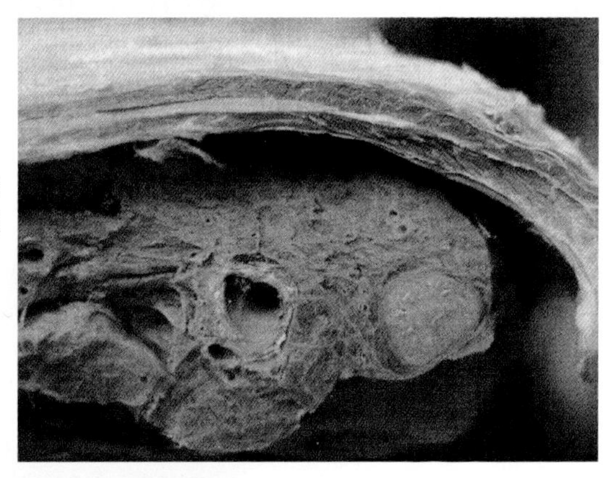

羊假结核病

一个有脓肿的淋巴结切面。脓肿有厚层包囊，内含同心层结构的干涸的脓汁，呈淡绿黄色。(Mouwen JMVM等)

羔羊大肠杆菌病

羔羊大肠杆菌病又称羔羊大肠杆菌性腹泻或羔羊白痢，是致病性大肠杆菌引起羔羊的一种急性传染病，临诊主要症状为腹泻或败血症。

【病原】致病性大肠杆菌是革兰氏阴性、中等大小的杆菌。对外界抵抗力不强，一般常用消毒药能迅速将其杀死。

【典型症状与病变】潜伏期1 ～ 2天，可分为败血型和肠炎型（下痢型）。

败血型多见于2 ～ 6周龄的羔羊。病羊体温升高达41 ～ 42℃，精神沉郁，明显虚脱，有轻微的腹泻或不腹泻，有的有磨牙等神经症状，有的关节肿痛，常于病后12小时内死亡。胸、腹腔和心包腔有大量积液，其中混有纤维素，关节呈浆液性或化脓性炎症变化。脑膜充血、出血。

肠炎型多见于2 ～ 8日龄的新生羔。病初体温略高，出现腹泻后体温下降，粪便呈半液状，混有气泡或血液，羔羊表现腹痛，虚弱，严重脱水，如治疗不及时，常于1 ～ 2天死亡，病死率10%～ 20%。尸体肛门附近及后肢内侧被粪便污染。皱胃、小肠和大肠黏膜充血、出血、水肿，皱胃内有发酵的凝乳块状，肠内容物呈糊状，混有血液和气泡。肠系膜淋巴结充血、肿大，切面湿润。

【诊断要点】根据发病年龄、主要症状和病理变化可做出初步诊断。采取病羔内脏组织、血液或肠道内容物做细菌分离培养和鉴定即可确诊。

【防治措施】加强饲养管理、改善羊舍的环境卫生，尤其是在母羊分娩前后应对羊舍彻底消毒，注意幼羊防寒保暖，尽早让羔羊吃到足够的初乳。对羔羊可皮下注射我国研制的大肠杆菌疫苗，3月龄以下羔羊每只注射0.5 ～ 1毫升，3月龄至1岁半注射2毫升。病羔及时治疗。对污染的环境、用具等用3%～ 5%来苏儿彻底消毒。治疗可使用土霉素、磺胺类药物，但必须配合护理和其他对症疗法。

（1）土霉素粉　每天每千克体重30 ～ 50毫克，分2 ～ 3次内服。

（2）磺胺脒　首次量1克/只，以后每隔6小时内服0.5克。

【诊疗注意事项】本病肠炎型易与羔羊痢疾及羔羊副伤寒混淆，因为临诊上都表现羔羊腹泻，病原均是细菌，但三者的病原和发病年龄不同。羔羊痢疾为新生羔羊发病，病原为B型魏氏梭菌，本病多为2～8日龄新生羔羊发病；羔羊副伤寒发病年龄稍大，15～30日龄多发，病原为沙门氏菌。结合病理变化等特点可做出诊断。

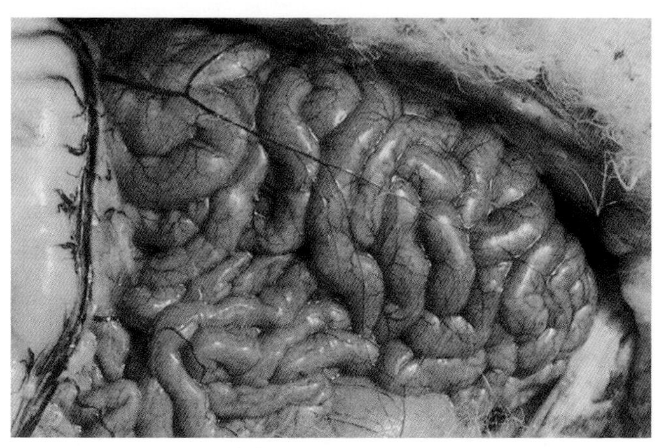

羔羊大肠杆菌病

小肠浆膜瘀血，肠壁暗红，肠腔有大量稀薄的内容物和气体。（陈怀涛）

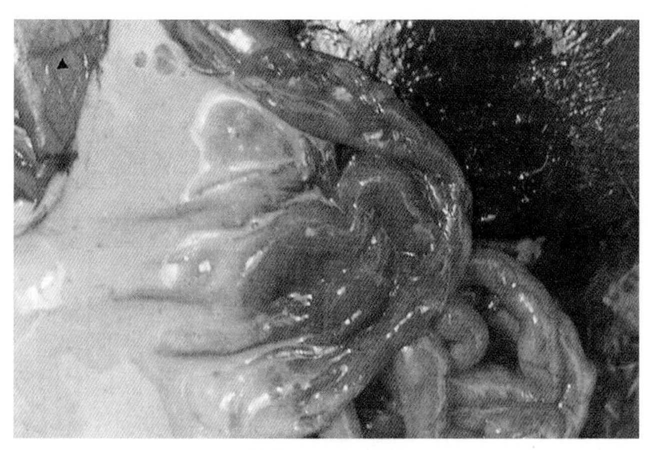

羔羊大肠杆菌病

盲肠（▲）剖开时，流出大量灰黄色肠内容物，内含气泡。（陈怀涛）

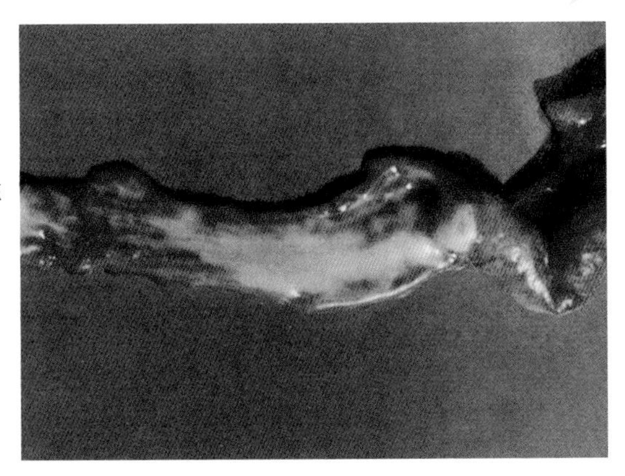

羔羊大肠杆菌病

小肠黏膜充血、出血、水肿，附以灰黄色稀糊状内容物。（陈怀涛）

羔羊大肠杆菌病

羔羊大肠杆菌病直肠也有灰黄色内容物

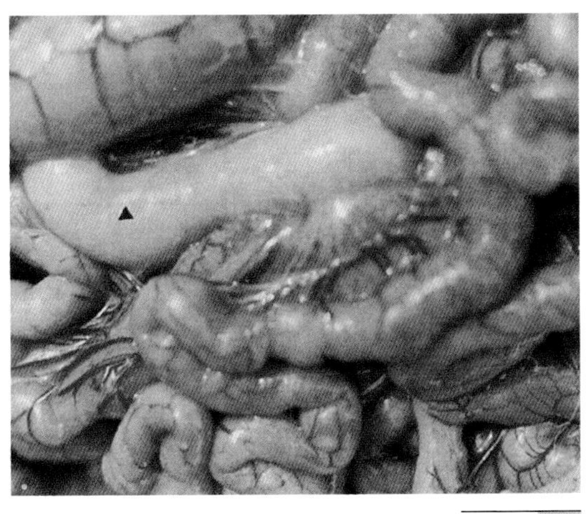

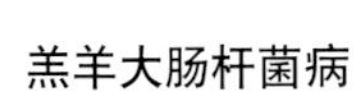

羔羊大肠杆菌病

肠系膜淋巴结（▲）肿大，色灰红，肠系膜血管充血。（陈怀涛）

链　球　菌　病

羊链球菌病是一种急性热性传染病。成年羊多表现败血症，而羔羊则以浆液纤维素性肺炎为特征。绵羊最易感，常发于冬、春季节。

【病原】为C群马链球菌兽疫亚种，革兰氏阳性，病料中呈球形，单个或成对存在，偶见3 ～ 5个相连成短链，有荚膜。本菌对外界环境的抵抗力较强，对热敏感，对一般消毒剂抵抗力较弱。

【典型症状与病变】自然感染潜伏期为2 ～ 7天，少数可长达10天。病羊体温升高，呼吸困难，精神沉郁，食欲减退或废绝，反刍停止。结膜充血，流泪，并常有黏脓性分泌物。口鼻流出浆液性或黏脓性分泌物。咽喉部肿胀，咽背和下颌淋巴结肿大。孕羊常发生流产。粪便带有黏液或血液。严重病例多因衰竭、窒息而死亡。临死时出现磨牙、抽搐、惊厥等症状。

败血型主要见于成年羊。病变可表现为败血型和肺炎型两型。除败血症一般变化外，其特征变化为咽喉部黏膜极度水肿，导致鼻后孔和咽喉狭窄；上呼吸道黏膜充血、出血，其中有淡红色泡沫状液体；全身淋巴结尤其下颌淋巴结和肺门淋巴结显著肿大，可达正常体积的2 ～ 7倍，切面隆起，有透明黏稠的胶样引缕物质，有滑腻感；肺充血、出血、水肿与气肿；胆囊肿大为正常的7 ～ 8倍，其黏膜充血、出血、水肿，胆汁呈淡绿色或因出血而似酱油色。组织上，淋巴结、肝脏、肺脏与脑等均见结缔组织溶解，血管圆常形成空腔，中性粒细胞明显浸润。肺炎型常见于羔羊。特征病变为浆液纤维素性肺炎和胸膜炎。也可见败血症变化，但病变较轻。

【诊断要点】根据流行特点、症状及病变（头部黏膜炎症、咽喉部水肿、淋巴结切面的引缕物等）一般可做出初步诊断，确诊需要进行细菌分离培养和鉴定。

【防治措施】必须采取综合性防治措施，免疫接种（用羊链球菌氢氧化铝甲醛灭活菌）可较好预防和控制本病的传播。治疗常用青霉素或20%磺胺嘧啶钠注射液。

（1）羊链球菌氢氧化铝甲醛灭活苗　大小羊每只皮下均注射3毫升。3月龄以下羔羊于2 ～ 3周后重复接种1次，免疫期可维持半年以上。

（2）青霉素　80万～160万国际单位/只，一次肌内注射，每天2次，连用2～3天。

（3）磺胺嘧啶钠注射液　每千克体重50～100毫克，肌内注射，每天2次，连用2～3天。

【诊疗注意事项】本病应注意与炭疽、巴氏杆菌病、羊快疫及羊肠毒血症等进行鉴别。在死后诊断本病时，应牢记呼吸困难、咽喉部水肿和炎性渗出物呈黏稠引缕状等临诊病理特点。

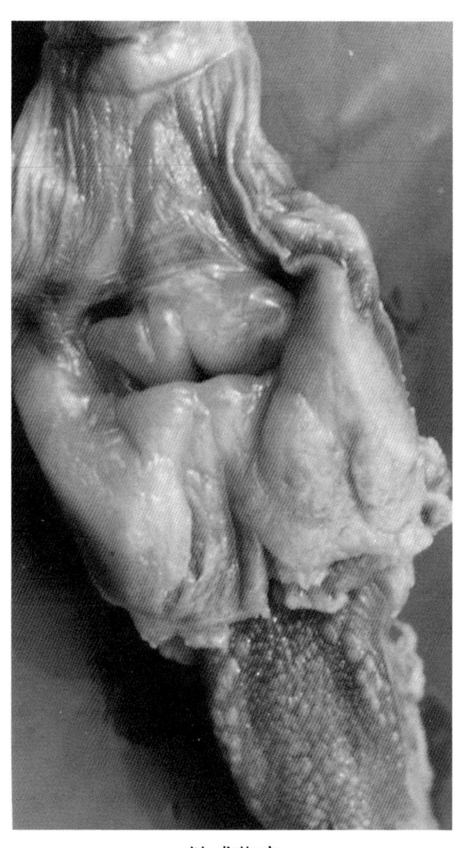

链球菌病

咽喉部组织高度水肿、充血与出血。（陈怀涛）

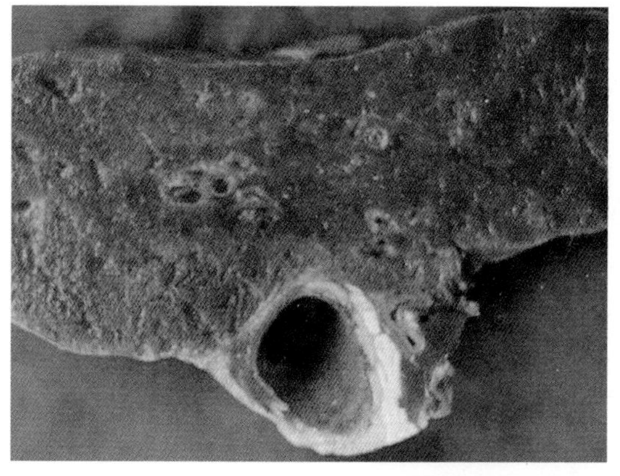

链球菌病

肺充血、出血、水肿，切面有带泡沫的血液，小支气管壁明显增厚。(陈怀涛)

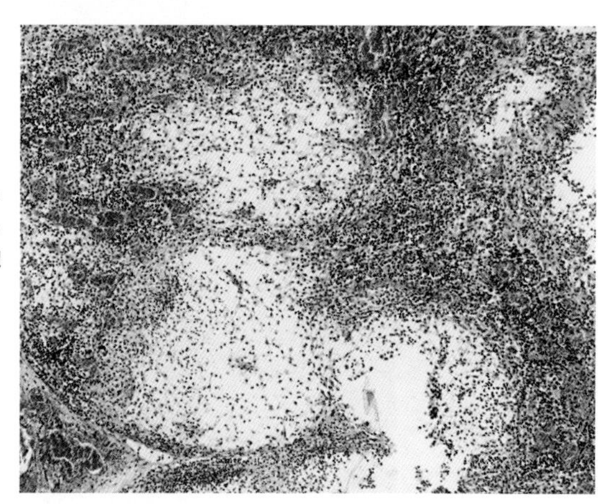

链球菌病

淋巴结充血，淋巴小结消失，局部组织疏松，呈网状或腔隙，其中充满红色物质，中性粒细胞浸润。 HE×100（陈怀涛）

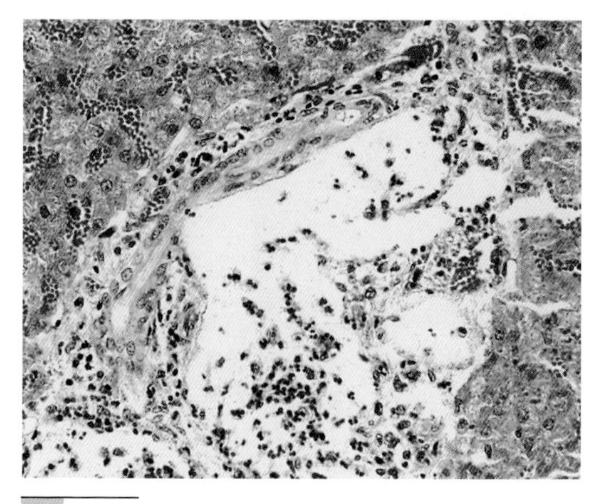

链球菌病

浆液性肝炎：肝汇管区结缔组织溶解，形成腔隙，其中充满蓝红色物质，中性粒细胞浸润。HE×400（陈怀涛）

葡萄球菌病

葡萄球菌病是由金黄色葡萄球菌引起人兽共患的传染病，以组织器官化脓性炎症或全身性脓毒败血症为特征。

【病原】金黄色葡萄球菌为革兰氏阳性，常呈葡萄穗状排列。金黄色葡萄球能产生血浆凝固酶，还能产生多种能引起急性胃肠炎的肠毒素。

【典型症状与病变】绵羊患病时常表现急性化脓、坏疽性乳房炎。可见乳房发红、发热、高度胀大、疼痛，其分泌物呈红色或黑色、有恶臭，母羊不让羔羊吮乳。羔羊则表现为化脓性皮炎或脓毒血症，内脏器官可见大小不等的脓肿，其中含有糊状或浓稠的黄色脓汁，脓肿周围可见明显的包囊。

【诊断要点】根据化脓、坏疽性乳腺炎和皮下、肌肉与其他脏器的脓肿形成，可对本病做出初步诊断，确诊还需要进行细菌学检验。

【防治措施】加强饲养管理，改善羊舍的环境卫生，避免外伤，提高机体的抵抗力等，可大大降低本病的发生。治疗本病时青霉素为首选药物，红霉素、庆大霉素及卡那霉素等也有较好疗效。

【诊疗注意事项】如有条件，最好对从患畜体内分离的菌株进行抑菌试验，以选择敏感药物进行治疗。

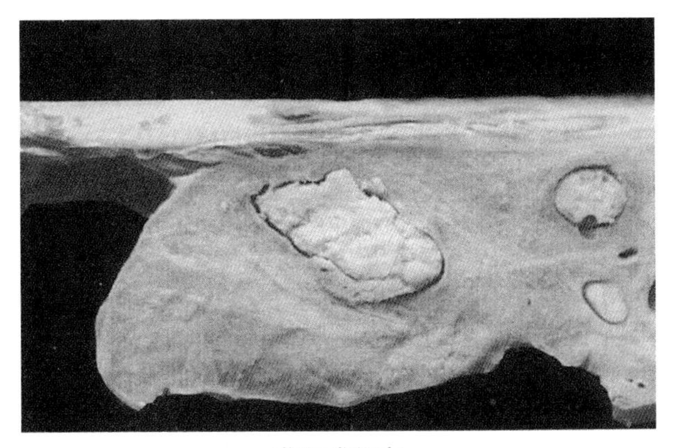

葡萄球菌病

肺中可见几个大小不等的脓肿，肺胸膜与肋胸膜粘连。（贾宁）

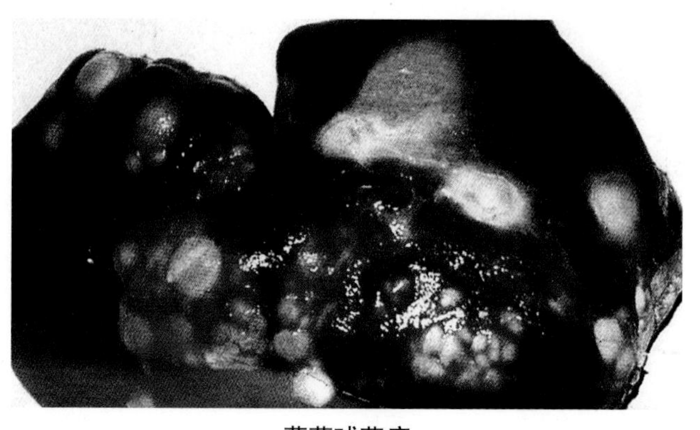

葡萄球菌病

肝脏表面可见多个脓肿。（贾宁）

放 线 菌 病

放线菌病是由多种放线菌引起牛、羊等动物与人共患的一种非接触性慢性传染病，以局部组织增生形成放线菌肿并伴随化脓为特征。羊放线菌病常呈散发性。

【病原】本病病原主要是牛放线菌和林氏放线杆菌，其次是衣氏放线菌、化脓放线菌等，可通过损伤的皮肤或黏膜引起感染。

【典型症状与病变】临诊上常见下颌骨、上颌骨肿大，鼻、唇、面颊、胸部等部位的皮肤肿胀、增厚，或形成单个或多个化脓性结节，甚至皮肤化脓破溃，形成瘘管。脓汁中含硫黄样颗粒。局部淋巴结、乳房及肺内也可见同样的变化。组织上可见典型的菊花样或玫瑰花样菌块，其周围是中性粒细胞、上皮样细胞和巨细胞等肉芽肿结构成分。

【诊断要点】根据病变部位和特征可做出诊断。必要时可用脓汁中的硫黄样颗粒制作压片染色或取组织块做切片染色，观察菌块或肉芽肿的形态结构，即可对本病做出确诊。

【防治措施】加强饲养管理，防止皮肤和黏膜损伤，发现伤口要及时处理。治疗以局部处理与全身治疗相结合。局部处理主要用碘制剂，全身治疗可较长时间大量应用抗生素。

（1）早期手术　将病变部切除，若有瘘管形成，要连同瘘管彻底切除。切除后的创腔，填塞碘酊纱布或撒布碘仿磺胺粉，每天换药1次。

（2）10%碘仿醚或2%鲁格氏液　在伤口周围和病变处注射。

（3）10%碘化钠　50～100毫升/只，静脉注射，隔天1次，共注射3～5次。

（4）其他药物　还可大剂量长时间使用青霉素、红霉素、链霉素以及磺胺嘧啶、磺胺二甲嘧啶等进行治疗。

【诊疗注意事项】颌骨或软组织肿大、化脓是本病重要症状和病变。如脓液中含有硫黄样颗粒原则上可做出诊断。本病应与局部一般炎性肿胀、其他化脓及肿瘤相鉴别，但这些疾病的病变组织中都没有放线菌菌块（脓液中的硫黄样颗粒）。在治疗中如出现碘中毒现象，应停止用药或减少剂量。

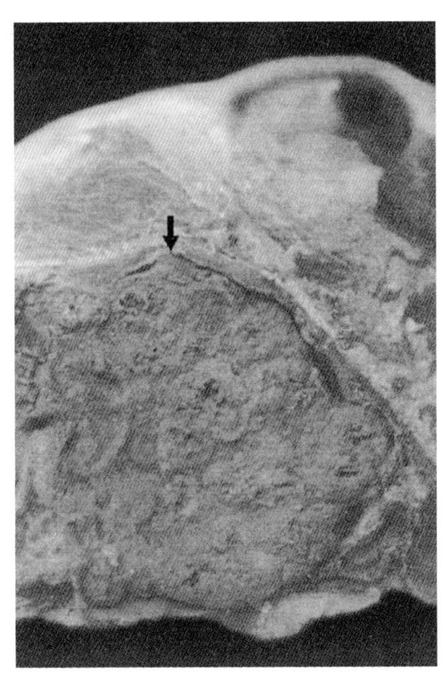

放线菌病

上颌骨下面有大块放线菌肿（↓），上颌窦已被充满，其切面可见放线菌肉芽组织增生，肉芽组织中有许多小化脓灶。（甘肃农业大学兽医病理室）

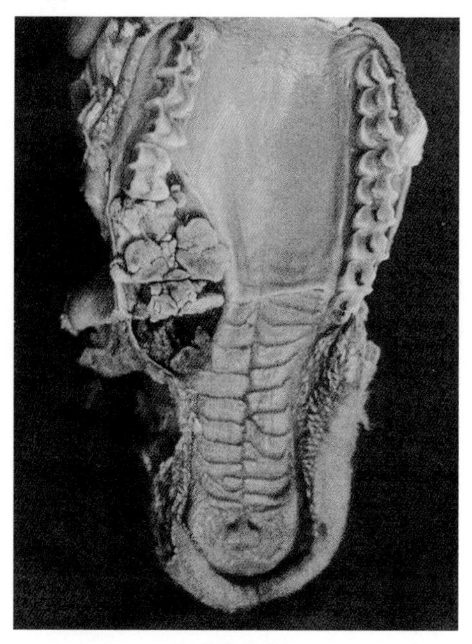

放线菌病

羊上颌放线菌肿：羊上颌骨左侧有一明显的放线菌肿，齿槽被破坏，面部骨质突出（↑）。（甘肃农业大学兽医病理室）

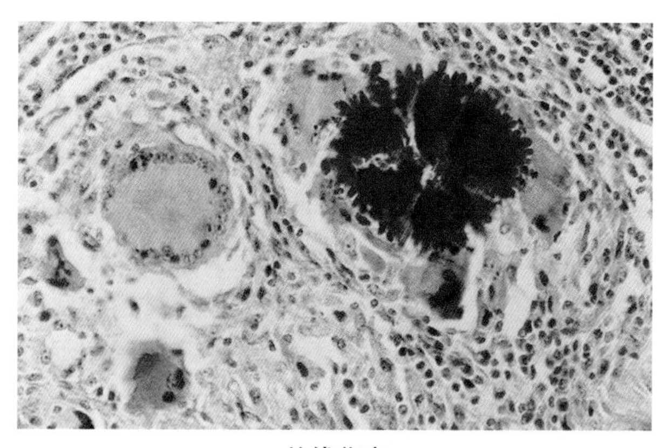

放线菌病

放线菌肉芽组织中可见呈红色菊花样或玫瑰花样的菌块和数个大小不等的巨细胞。EA×400（陈怀涛）

羊快疫

羊快疫是由腐败梭菌引起的一种急性致死性传染病。主要发生于绵羊，以出血、坏死性皱胃炎为特征。

【病原】腐败梭菌为革兰氏阳性厌气大杆菌，在体内外均能产生芽孢，不形成荚膜，可产生多种外毒素。病羊血液或脏器的抹片中，可见单个或2～5个菌体相连的粗大杆菌，有时呈无关节的长丝状，这种形态在肝被膜触片中更易发现，具有重要的诊断价值。本菌对外界环境抵抗力较强，一般要用强力消毒药物，如20%漂白粉、3%～5%氢氧化钠等进行消毒。

【典型症状与病变】6～18月龄绵羊最易感，山羊也可发病。秋冬、初春多发。病羊常突然死亡，无明显症状。病程稍长者表现体质衰弱，运动失调，腹胀，腹痛和腹泻。最后衰竭、昏迷，常于数小时内死亡。尸体迅速腐败膨胀。特征病变为急性弥散性出血性坏死性皱胃炎，黏膜出血，常有坏死、脱落，甚至可见溃疡，黏膜下层明显水肿，浆膜呈纤维素性炎症变化。其他病症有可视黏膜发绀，肠道黏膜充血、出血，有时可见坏死和溃疡；体腔大量积液，常有大量纤维素渗出。胆囊常肿胀，肝、肾等实质器官有程度不等的瘀血、变性。颈胸部皮下常见胶样水肿。全身淋巴结水肿、出血。

【诊断要点】由于病程短促，生前诊断较困难，确诊需要结合流行病学特点、病理变化、微生物及毒素检查。

【防治措施】在常发地区，每年定期注射羊快疫、羊肠毒血症、羊猝疽三联苗或五联苗。发病时，及时隔离病羊，转移放牧场地，防止羊群受寒和采食冰冻饲料，推迟早晨出牧时间。本病病程短，常来不及治疗，一般仅对病程稍长的病例进行抗菌消炎、输液、强心等对症治疗。

（1）羊快疫疫苗　用三联疫苗或羊快疫、羊猝疽、羊肠毒血症、羔羊痢疾、黑疫五联苗，不论羊大小，每只一律1毫升，一次肌内注射，每年1次。

（2）12%复方磺胺嘧啶注射液　8毫升/只，一次肌内注射，每天2次，连用5天，首次量加倍。

（3）10%安钠咖注射液　2～4毫升/只，加25%维生素C注射液2～4毫升，5%葡萄糖生理盐水200～400毫升，一次静脉注射，连用3～5天。

【诊疗注意事项】本病应以预防为主。由于发病死亡突然，生前诊断很难。死后应尽快剖检并取材做细菌和毒素检查。注意与羊炭疽、肠毒血症、黑疫、巴氏杆菌病等急性病相鉴别。

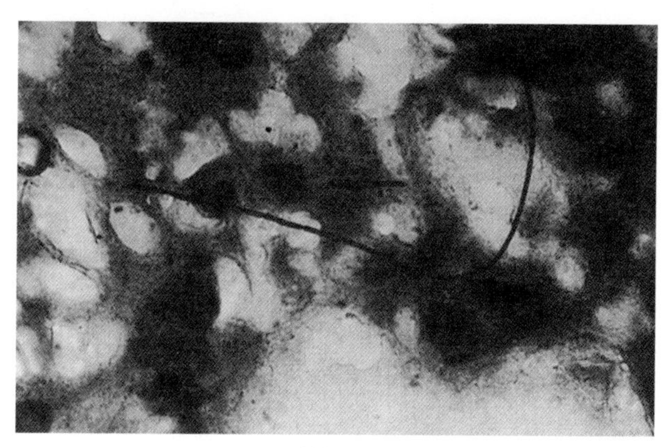

羊快疫

腐败梭菌的形态：为直或弯曲的杆菌，革兰氏阳性，大小为（0.6～1.9）微米×（1.9～35）微米。在体内（尤其肝被膜和腹膜上）可形成微弯曲的长丝状，其长度可达数百微米。Gram×1000（陈怀涛）

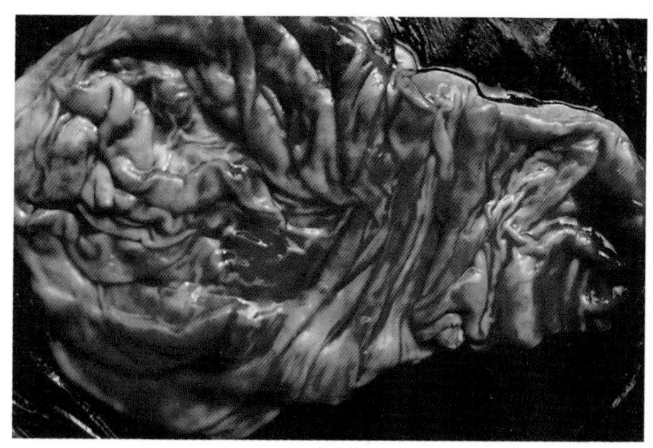

羊快疫

皱胃和幽门部黏膜出血潮红，被覆较多淡红色黏液。（陈怀涛）

羊快疫

肾瘀血、肿大，呈紫红色。(陈怀涛)

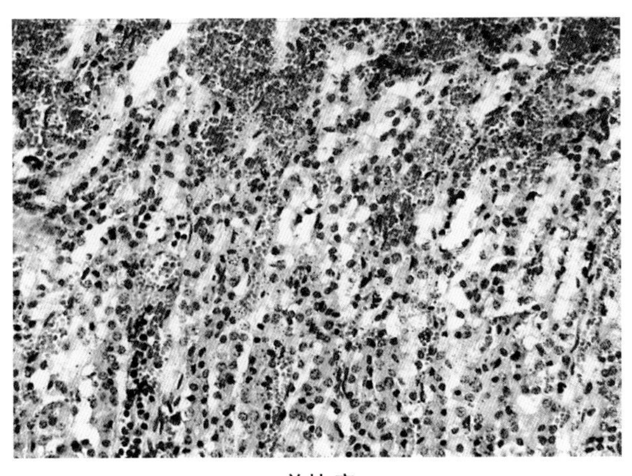

羊快疫

出血性皱胃炎：黏膜表面有大量红细胞和炎性细胞，有些上皮坏死、脱落，固有膜充血、出血，有炎性细胞浸润，胃腺上皮细胞变性、坏死。 HEA×400（陈怀涛）

羊 猝 疽

羊猝疽是由C型产气荚膜梭菌（魏氏梭菌）引起的一种急性毒血症，多见于1 ～ 2岁成年绵羊。以急性死亡、出血性坏死性肠炎和腹膜炎为特征。本病常发于冬末和春季。

【病原】C 型产气荚膜梭菌为革兰氏阳性厌氧大杆菌，能形成芽孢，不运动，本菌广泛存在于自然界，随饲料和饮水进入羊消化道，在小肠内繁殖并产生 α 与 β 毒素，引起发病。

【典型症状与病变】发病突然，很快死亡，常无明显症状或刚出现症状就死亡，病死率很高。有时病羊离群，步态不稳，呼吸急促，抽搐，鼻流白沫，数小时内死亡。主要病变为十二指肠和空肠黏膜严重出血、糜烂，有大小不等的溃疡灶。腹腔脏器的血管特别是大网膜、小肠等处的血管极度充血，浆膜有出血。胸腹腔有大量淡黄或淡红色渗出液，其中常混有纤维素。病羊死后8小时内，病原菌可在肌肉和其他器官继续繁殖导致肌肉变软、变黑，产生大量气泡，出现气肿疽样病变。

【诊断要点】根据发病特点和主要病变可怀疑本病，确诊要依靠肠内容物毒素种类的检查和细菌的定型。

【防治措施】预防和治疗参见羊快疫。

【诊疗注意事项】本病应与羊快疫、羊肠毒血症、羊黑疫、巴氏杆菌病、炭疽等急性疾病相鉴别。

羊猝疽

空肠壁明显充血，黏膜出血，肠内容物稀薄、色红。(陈怀涛)

羊黑疫

羊黑疫也称传染性坏死性肝炎，是羊的一种急性高度致死性毒血症，以坏死性肝炎为特征。本病多发于2～4岁膘情好的绵羊，主要流行于春、夏季肝片吸虫活跃的低洼潮湿地区。

【病原】为能产生5种外毒素的B型诺维氏梭菌，为革兰氏阳性大杆菌，严格厌氧，能形成芽孢，不产生荚膜，有周身鞭毛，能运动。

【典型症状与病变】临诊症状与羊快疫、羊肠毒血症极为相似，发病急，死亡突然。部分病例可拖延1～2天，表现离群、食欲废绝、反刍停止、呼吸困难、体温升高等症状，最终昏睡而死亡。特征病变为肝表面和实质内散在数量不等的圆形或不正圆形坏死灶，直经2～3厘米，呈黄白色，其外有红色炎性反应带。此外，皮下瘀血严重，因严重瘀血而导致皮肤呈黑色外观，故名黑疫。体躯下部与股内侧皮下胶样水肿，浆膜腔积液。幽门部和小肠黏膜充血、出血。

【诊断要点】根据流行特点、临诊表现以及特征性肝坏死和皮下严重瘀血可做出诊断。必要时可从肝坏死灶边缘取材涂片来检查病菌，也可进行毒素检查。

【防治措施】控制肝片吸虫的感染是预防本病的重要工作。流行地区羊群可接种羊黑疫、羊快疫二联苗，或羊快疫、羊猝疽、羊肠毒血症、羔羊痢疾、羊黑疫五联苗，或厌气菌七联干粉苗。治疗应抗菌消炎，也可用抗诺维氏梭菌血清进行早期预防或治疗。

（1）驱虫选用药物　蛭得净（溴酚磷），每千克体重16毫克，一次内服；丙硫苯咪唑，每千克体重5～20毫克，一次内服；三氯苯唑，每千克体重8～12毫克，一次内服。

（2）羊黑疫疫苗　用羊黑疫、羊快疫二联苗，或羊厌气菌五联苗5毫升/只，一次皮下注射，或七联干粉苗，1毫升/只，一次皮下注射。

（3）抗诺维氏梭菌血清（7 500国际单位/毫升）　用于早期预防，皮下或肌内注射10～15毫升，必要时重复1次；如用于早期治疗，静脉或肌内注射50～80毫升，可用1～2次。

（4）青霉素　40万～80万国际单位/只，注射用水5毫升，一次肌内注射，每天2次，连用5天。

【诊疗注意事项】本病的防治要结合寄生虫驱虫。对羊群每年至少应进行2次驱虫，一次在秋末冬初由放牧转为舍饲之前，另一次在冬末春初由舍饲改为放牧之前。本病注意与羊快疫、羊肠毒血症及炭疽鉴别。

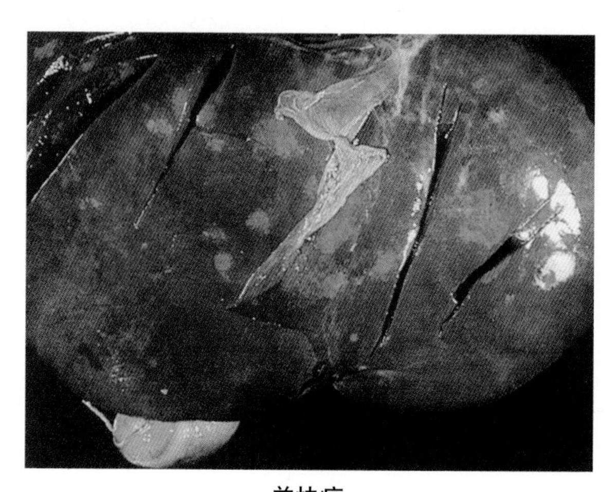

羊快疫

肝表面和实质见大小不等的黄白色坏死灶，其界限明显。(Blowey R W等)

羔 羊 痢 疾

羔羊痢疾是初生羔羊的一种急性毒血症，临诊特征为剧烈腹泻，主要病变为出血、坏死性肠炎。本病主要危害7日龄以内尤其2 ~ 5日龄的初生羔羊。

【病原】主要为B型产气荚膜梭菌（魏氏梭菌）。该菌在羊体内可产生多种肠毒素，迅速导致全身性毒血症。一般消毒药可杀死其繁殖体，而芽孢则有较强的抵抗力，在土壤中可存活多年。

【典型症状与病变】主要症状为病羔沉郁，拒食，腹泻，排黄色或带血色稀便，粪便恶臭，虚弱，脱水。如不及时治疗，常在1 ~ 2天死亡。有的病羔腹胀，下痢不明显，主要表现神经症状，头向后仰，四肢瘫软，卧地不起，呼吸急促，口流血沫，最后昏迷，体温降至常温以下，多在数小时内死亡。剖检可见消化道尤其小肠（特别是回肠）呈广泛出血性炎症变化，病程稍长时，小肠或结肠黏膜出现大小不等的溃疡，周围有红色炎性反应带，严重时，溃疡可以融合形成广泛的坏死区。

【诊断要点】依据发病年龄（1周内的羔羊）、症状（腹泻）、病变（出血坏死性肠炎），结合病原菌和毒素检查即可确诊。

【防治措施】预防应采取综合措施，产前母羊抓膘、保胎、增强体质，产后羔羊注意保暖，合理哺乳、做好消毒工作。每年秋季注射羔羊痢疾苗或羊厌气菌五联疫苗或厌气菌七联干粉苗等。用羔羊痢疾苗，或用羊快疫、羊猝疽、羊肠毒血症、羔羊痢疾、羊黑疫五联苗5毫升，或七联干粉苗1毫升，每年秋季给怀孕母羊注射，产后2～3周再接种1次。疾病常发区，也可采用药物预防，一般在羔羊出生后12小时内灌服土霉素0.12～0.15克，每天一次，连服3天。治疗可根据具体情况使用抗菌消炎药。

（1）土霉素　0.2～0.3克/只，加胃蛋白酶0.2～0.3克，水30毫升，一次灌服，每天2次。

（2）青霉素　40万～80万国际单位/只，加链霉素50万单位，注射用水10毫升，一次肌内注射，每天2次，连用数天。

（3）中药　可用承气汤、乌梅汤、白头翁汤等。

【诊疗注意事项】本病应注意与沙门氏菌，大肠杆菌和肠球菌等引

羔羊痢疾

小肠充血、出血，肠内容物呈红色。（陈怀涛）

起的羔羊下痢相区别，由于本病的病因复杂，多种因素均可参与疾病发生，因此必须重视综合性防治。

羔羊痢疾

小肠黏膜有多个圆形溃疡和大片坏死。（甘肃农业大学兽医病理室）

羊肠毒血症

羊肠毒血症是由D型产气荚膜梭菌（魏氏梭菌）在羊肠道内大量繁殖产生毒素而引起的一种急性毒血症，多见于绵羊。2 ～ 12月龄膘情较好的绵羊最易发病，牧区多发于春末夏初青草萌发和秋末牧草结籽后的一段时期。因病羊肠道显著出血、死后肾脏明显软化，故也称为血肠子病、软肾病。

【病原】D型产气荚膜梭菌是革兰氏阳性厌氧大杆菌，可产生多种外毒素。

【典型症状与病变】发病突然，死亡快，病羊死前步态不稳，呼吸困难，心跳加快，但体温一般不高。全身肌肉震颤，磨牙甩头，倒地抽搐，角弓反张，流涎，继而昏迷，角膜反射消失。常在2 ～ 4小时死亡。有的病羊生前有腹痛、腹胀、腹泻症状。特征变化为肾软化及肠出血。前者是肾小管在变性、坏死的基础上很快自溶的结果。肾脏色暗红，质软如泥，甚至呈糊状，用水冲洗可冲去肾实质。小肠黏膜充血、出血，严重时整个肠壁呈红色。脑膜出血，脑实质内有液化性坏死灶。

【诊断要点】软肾、出血性小肠炎，结合流行特点可作为诊断本病的参考。本病确诊必须进行实验室检查，不仅要在肠道、肾及其他脏器内发现D型产气荚膜梭菌，而且在小肠内要检出ε毒素，尿中查出葡萄糖。

【防治措施】在常发病地区，每年定期接种羊肠毒血症疫苗或羊快疫、羊猝疽、羊肠毒血症三联苗或羊厌气菌五联苗，每只皮下或肌内注射5毫升，或厌气菌七联干粉苗，每只皮下或肌内注射1毫升。加强饲养管理，避免春夏之际的抢青、抢茬和秋季采食过量结籽牧草。发病时及时转移到干燥的地区放牧。对羊群中未发病羊，可口服10%～20%石灰乳500～1 000毫升进行预防。对病程较缓慢的病羊，可进行治疗。

（1）青霉素　80万～160万国际单位/只，一次肌内注射，每天2次，连用5天，首次量加倍。

（2）磺胺脒　8～12克/只，第一天1次灌服，以后每天分2次灌服。

【诊疗注意事项】本病应注意与羊的炭疽、黑疫、快疫、巴氏杆菌病及大肠杆菌病鉴别，这些病除病原不同外，各有其主要病变而无明显肾软化现象。

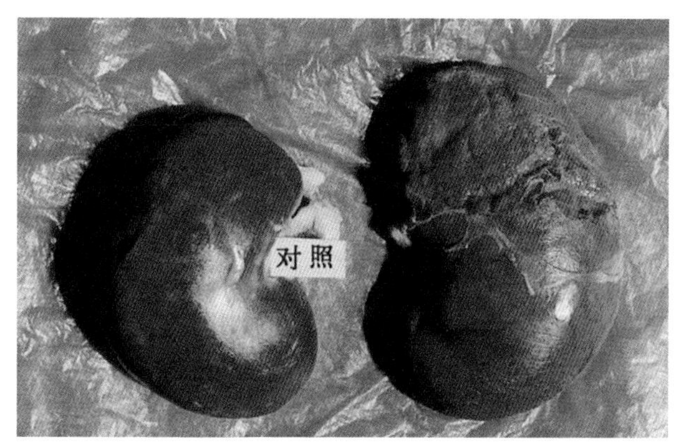

羊肠毒毒血症

右：肾明显软化，被膜不易剥离；左：正常肾脏。（陈怀涛）

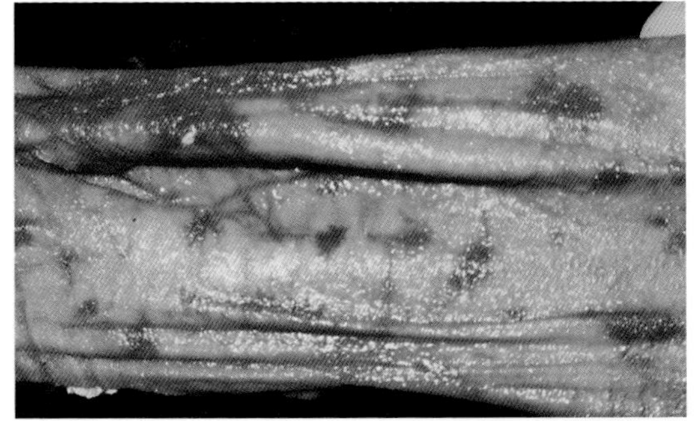

羊肠毒毒血症

小肠黏膜充血、出血，并附有少量红色内容物。(陈怀涛)

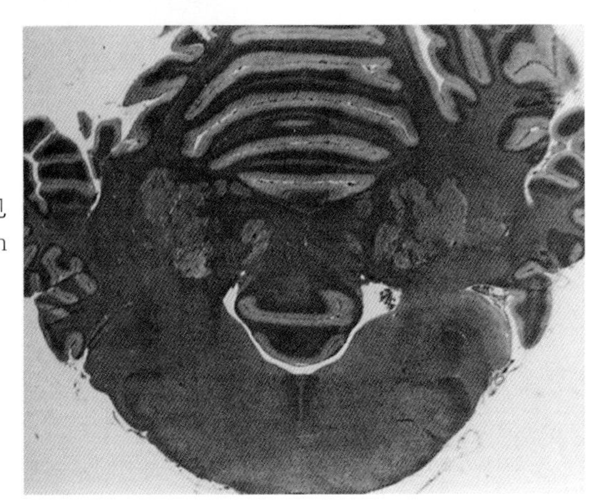

羊肠毒毒血症

在小脑横切面的脑组织中可见对称性灰黄色软化灶。(Mouwen JMVM 等)

羊肠毒毒血症

肾小管上皮细胞坏死，肾小球和间质充血、出血。HE×200 (陈怀涛)

羊支原体肺炎

羊支原体肺炎又称羊传染性胸膜肺炎，俗称烂肺病，是由支原体引起山羊和绵羊的高度接触性传染病，以纤维素性胸膜肺炎为特征。本病以3岁以下的山羊最易感，冬、春季多发病，感染率与死亡率高。

【病原】病原有两种：丝状支原体山羊亚种只感染山羊，其为细小、多形性微生物，革兰氏阴性；绵羊肺炎支原体对山羊和绵羊均有致病作用，也呈细小多形性，但生长要求较苛刻。

【典型症状与病变】病羊表现高热、沉郁、咳嗽、呼吸困难、流浆液性或黏脓性带血的鼻液。肺部叩诊有浊音和实音区，听诊出现支气管呼吸音及摩擦音，按压胸部有疼痛感，有些病例发生腹泻，口腔黏膜溃烂，唇、乳房出现丘疹，孕羊流产。病期较长的可影响羊的生长发育。特征病变见于肺和胸膜，呈典型的纤维素性胸膜肺炎变化。胸腔积有大量淡黄色浆液、纤维素性渗出物。炎症多位于一侧肺叶，有时波及两侧，肺炎灶切面呈多色性大理石样，小叶间质增宽，血管内有血栓形成，炎区肺泡腔内有大量纤维素渗出，间质尤其支气管周围有网状淋巴细胞增生。胸膜充血、增厚、粗糙，有纤维素附着，病程较久时，肺胸膜和肋胸膜常发生粘连。

【诊断要点】根据流行特点、主要症状和胸膜肺炎特征病变一般可做出诊断。必要时进行病原分离鉴定和血清学试验确诊，血清学试验可作补体结合反应，多用于慢性病例。

【防治措施】坚持自繁自养，勿从疫区引进羊。从外地引进羊时，一定要隔离、检疫，确认无病后方可混群饲养。用山羊传染性胸膜肺炎氢氧化铝灭活苗和鸡胚化弱毒苗进行免疫接种可预防本病。山羊传染性胸膜肺炎氢氧化铝灭活苗，半岁以上羊每只5毫升，半岁以下羊3毫升，皮下或肌内注射。

治疗可采用卡那霉素、土霉素、四环素或磺胺类药物，还可用新胂凡纳明，均有较好疗效。

（1）新胂凡纳明（914）注射液　每千克体重10毫克，临用前以生理盐水或5%葡萄糖注射液溶解，制成5%～10%的溶液，静脉注射。

（2）螺旋霉素　每千克体重10～50毫克，每天肌内注射1次，连用3 ~ 5天。

（3）土霉素　每千克体重20 ~ 50毫克，每天2次内服。

【诊疗注意事项】本病应注意与羊巴氏杆菌病鉴别。本病呈高度接触传染性，发病率与病死率均很高，山羊易感染患病。

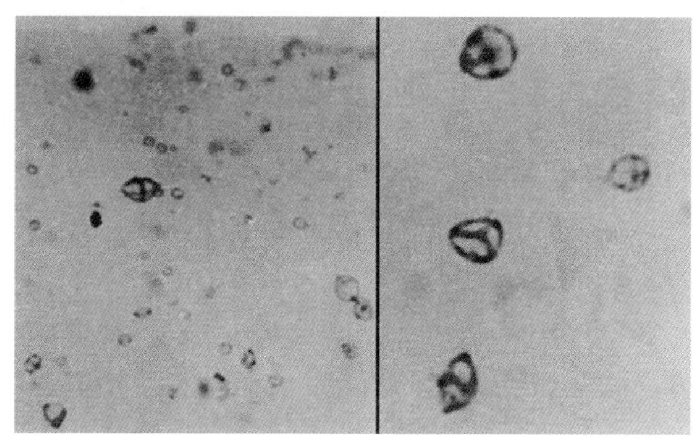

羊支原体肺炎

支原体的形态：光学显微镜下的多形支原体，右侧图中有四个放大的支原体，在菌膜上见深染的“极点”。（包慧芳）

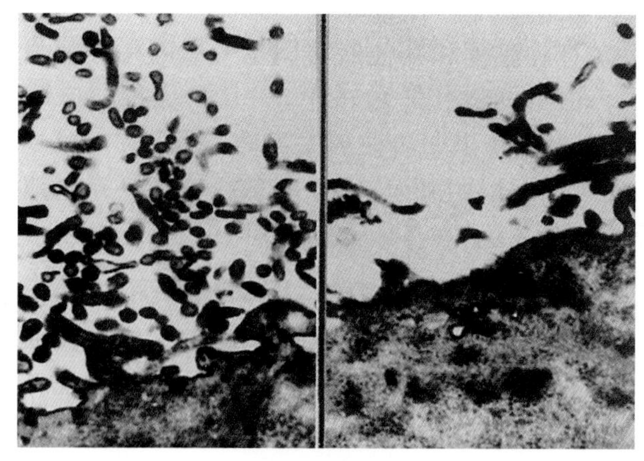

羊支原体肺炎

支气管纤毛的损害：透射电镜下肺支气管黏膜上皮的纤毛状态。左图为正常上皮的纤毛，右图显示病变黏膜的纤毛因脱落而减少。（包慧芳）

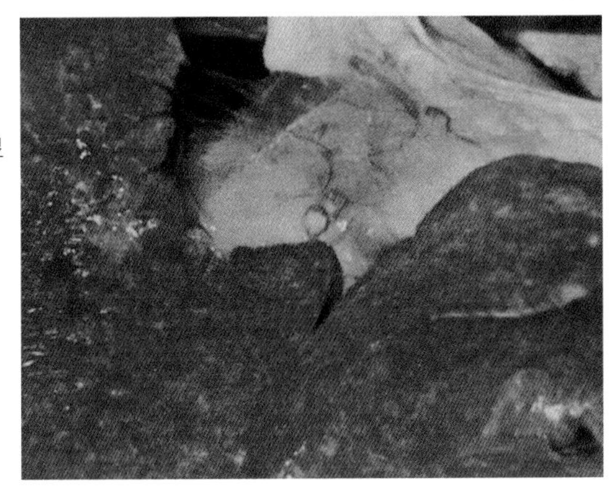

羊支原体肺炎

肺瘀血、出血、色红，呈明显肝变。(邓光明)

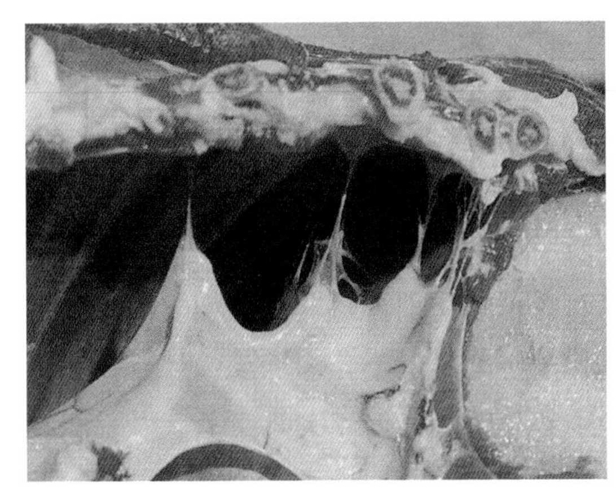

羊支原体肺炎

肺胸膜与肋胸膜发生广泛粘连。(邓光明)

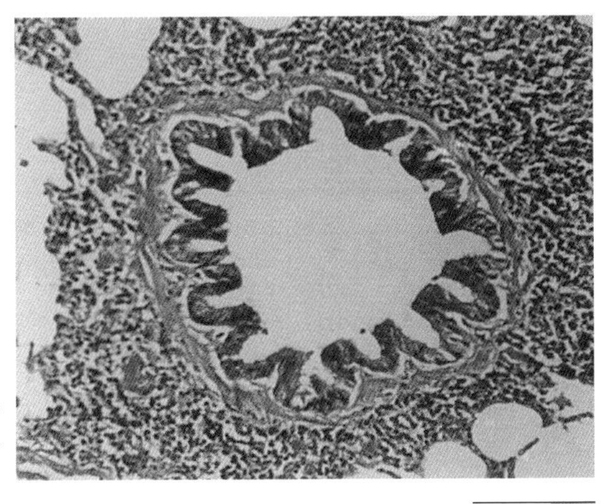

羊支原体肺炎

细支气管周围淋巴–网状细胞大量增生，其黏膜皱襞增多。(包慧芳)

衣原体病

羊的衣原体病是由亲衣原体引起绵羊、山羊的一种传染病。幼羊多表现为多发性关节炎和结膜炎，怀孕羊则发生流产、死产及产弱羔。

【病原】亲衣原体细小，呈球形或卵圆形，有细胞壁，革兰氏染色阴性。衣原体为专性细胞内寄生物，增殖过程中可分为初体（始体）和原生小体，初体无传染性，原生小体具有传染性。姬姆萨染色时较小的原生小体呈紫色，形态大的初体被染成蓝色。在被感染的细胞内可看到由原生小体形成的多形态的包含体，对本病具有诊断意义。亲衣原体抵抗力不强，对热敏感，一般消毒剂可将其灭活。

【典型症状与病变】病羊可见以下3种病型。

（1）流产型　呈地方性流行。流产多见于怀孕的最后1个月，病羊表现流产、死产和产弱羔，如继发感染子宫内膜炎，可导致死亡。流产病羊胎膜水肿、增厚、子叶出血、坏死呈黑红或土黄色。流产胎儿呈败血性变化，皮下水肿，皮肤、黏膜有点状出血，肝脏表面可见针尖大小的灰白色病灶。组织学检查，胎儿肝、肺、肾、心肌和骨骼肌有局灶性或弥漫性网状内皮细胞增生。

（2）关节炎型　多呈流行性，常见于夏、秋季。主要发生于羔羊，表现为多发性关节炎。病羊四肢关节尤其腕关节和跗关节肿胀、疼痛、跛行或卧地不起，发育受阻，常伴有滤泡性结膜炎。病变关节囊扩张、积液。滑膜有纤维素附着。数周后关节滑膜层因增生而变粗糙。

（3）结膜炎型　也呈流行性，常见于夏，秋季。多见于绵羊，尤其羔羊。病羊单眼或双眼结膜充血、水肿，大量流泪，角膜不同程度的混浊，严重时出现血管翳、糜烂、溃疡或穿孔。数日后，在瞬膜和眼睑结膜上可见1 ～ 10毫米大小的淋巴滤泡。部分病羔伴有关节炎。组织学检查可见淋巴滤泡增生。

【诊断要点】依据流行特点、主要症状和病变可怀疑本病或做出初步诊断。确诊需进一步做病原分离鉴定和血清学检查。病原接种鸡胚培养，可致鸡胚病变和死亡。

【防治措施】应控制、消灭带菌动物，及时隔离流产羊及其所产弱羔，销毁流产胎盘和产出的死羔。对污染的用具、羊舍及场地等用

2%氢氧化钠溶液、3%～5%来苏儿溶液等进行彻底消毒。在流行地区用羊流产衣原体灭活苗进行免疫接种。治疗用抗生素或磺胺类药物。对结膜炎患羊，用土霉素软膏点眼。

（1）10%氟苯尼考　每千克体重0.2～0.5毫升，肌内注射，每天1～2次，连用1周。

（2）青霉素　80万～160万国际单位/只，肌内注射，每天2次，连用3天。

【诊疗注意事项】本病可分三型，各有其明显症状，在诊断时应谨慎，因为这些症状在许多疾病都可见到。如流产可见于布鲁氏菌病、弯曲菌病、沙门氏菌病等，因此应注意与多种疾病鉴别。

衣原体病

病母羊产出的弱羔，体格弱小，难以站立。（邱昌庆）

衣原体病

病母羊流产的胎盘，子叶因出血、坏死而呈黑色。（邱昌庆）

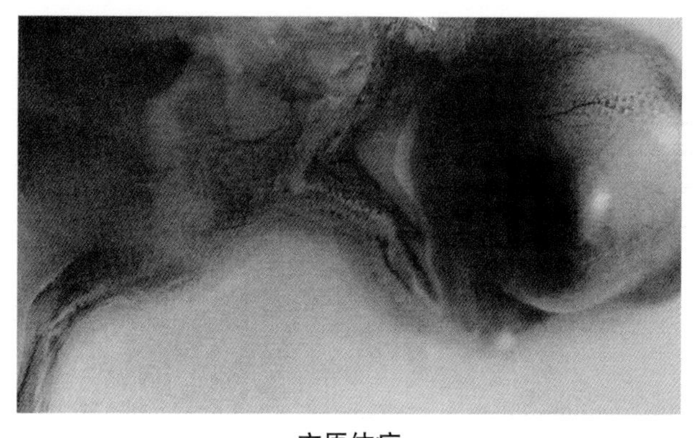

衣原体病

衣原体传代培养可导致鸡胚死亡，并见充血、出血与水肿变化。(邱昌庆)

钩端螺旋体病

钩端螺旋体病即细螺旋体病，简称钩体病，是哺乳动物和人共患的一种自然疫源性传染病。鼠类最易感。带菌鼠在本病的传播上起重要作用，因此较多发生于春、秋季气候温暖、潮湿多雨、鼠类活动频繁的地区，如长江流域与江南各省，羊钩体病感染发病率较低。

【病原】本病病原体为似问号钩端体，一端或两端弯成钩状。在暗视野显微镜下呈细长的串珠状，运动活泼，革兰氏染色阴性，但着色不良。镀银染色较好，呈棕黑色，但菌体变粗，螺旋不清。

【典型症状与病变】羔羊常呈急性，表现体温升高，沉郁，不食，黄疸不明显,1 ～ 2天死亡。较大的羔羊呈亚急性经过，病程可达1 ～ 2周或更长，除体温稍有升高外，尚见结膜发炎，可视黏膜呈淡黄白色，尿色淡红，末梢部皮肤可见坏死。成年羊多呈隐性或慢性经过，可见消瘦、贫血与皮肤坏死症状，有的孕羊发生流产、死产或产下体弱的胎儿。主要病变包括：流产羔羊皮下与肌间水肿，浆膜腔积液，急性病例肝、肾变性，轻度黄疸，血尿，皮肤坏死；慢性病例消瘦、贫血、皮肤坏死，间质性肝炎、肾炎，流产羊子宫内膜炎。

【诊断要点】根据症状、流行特点和主要病变可做初步诊断。病原体的发现和血清学检查可以对本病做出确诊。

【防治措施】①严防病畜尿液污染周围环境，对污染的场地、用具、栏舍可用1%石炭酸、0.1%升汞或0.5%甲醛液消毒。②常发地区应提前预防接种钩端螺旋体菌苗或接种本病多价苗。③严禁从疫区引进羊只，必须引进时应隔离观察1个月，确认无病后才能混群。

【治疗】青霉素、链霉素和四环素族等抗生素对本病有一定疗效。青霉素：每千克体重2万～3万国际单位，肌内注射，1天2次，连用2～3天；土霉素：每千克体重10～20毫克，肌内注射，每天1次，连用3～5天。使用大剂量青霉素也有一定疗效。

【诊疗注意事项】本病多呈隐性或慢性，故临诊易被忽视。轻度黄疸、血尿、贫血、消瘦、皮肤坏死、流产及间质性肾炎的病例，均应引起对本病的怀疑。

钩端螺旋体检查可采发热期病羊血液或无热期尿液、死后肝、肾处理后做暗视野或荧光抗体法。组织切片的钩端螺旋体检查对本病的诊断有重要意义，为此可在动物死后立即用10%福尔马林固定并用镀银染色。疾病应与有流产症状的布鲁氏菌病、李氏杆菌病、衣原体病、弯曲菌性流产等疾病做鉴别。

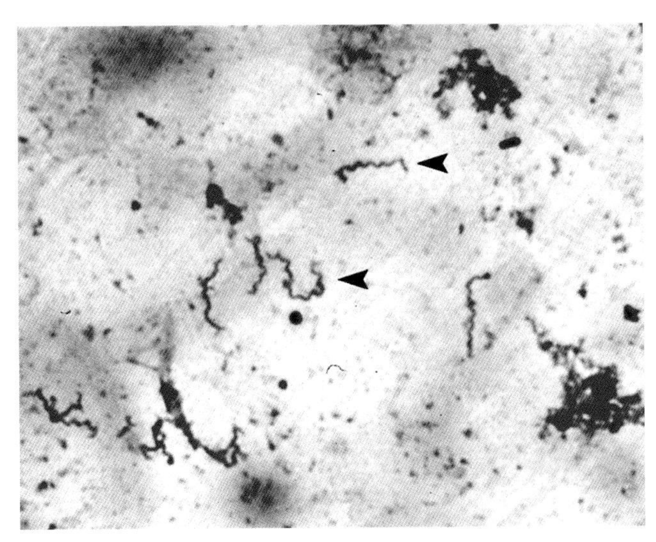

钩端螺旋体病

钩端螺旋体形态，Fontana银染色法可将其染成棕褐色。×1000（兰州兽医研究所供照）

口　蹄　疫

口蹄疫是由口蹄疫病毒引起人兽共患的一种急性、热性、高度接触性传染病。主要侵害牛、羊、猪。本病以口腔黏膜、蹄部及乳房皮肤发生水疱和溃烂为特征。本病发病率高、传播快、流行地域广、易感动物多、危害严重、病原变异性强，被世界动物卫生组织（OLE）列为A类动物传染病之首。本病的流行性有明显的季节性，牧区一般是秋末开始，冬季加剧，春季减缓，夏季平息。

【病原】口蹄疫病毒为单股正链RNA，变异性强。现已知有O、A、C、SAT1、SAT2、SAT3（即南非1、2、3、型）以及Asia1（亚洲1型）7个血清型 。口蹄疫病毒对外界环境抵抗力强，但对日光、热、酸、碱敏感。常用的消毒剂有2%～4%氢氧化钠溶液、1%～2%甲醛溶液、0.2%～0.5%过氧乙酸溶液、4%碳酸氢钠溶液及1%强力消毒灵等。

【典型症状与病变】病羊体温升高（40～41℃），精神沉郁，食欲减退，流涎。口腔呈弥漫性口膜炎变化，常于唇内侧、齿龈、舌面、颊部及硬腭黏膜发生水疱，水疱破裂后形成边缘整齐的鲜红色成暗红色烂斑（糜烂），有的烂斑上附有淡黄色渗出物，干燥后形成黄褐色痂皮，1～2周痊愈，但如病变波及蹄部或乳房，则经2～3周后康复。病羊多呈良性经过，病死率低，仅为1%～2%。而羔羊发病则常呈恶性经过，可因心肌炎而以死亡告终，病变主要为心包腔积液，在室中隔、心房与心室壁上散在灰白或灰黄色条纹和斑点，呈红黄相间的虎皮样外观（虎斑心）。股部、肩胛部、颈部、臀部骨骼肌及舌肌也有和心肌相似的条纹和斑点状变性、坏死灶。

【诊断要点】本病根据流行特点、典型症状和病理变化可做出初步诊断。确诊必须进行病毒分离鉴定和血清学试验。

【防治措施】发现疫情迅速通报，划定疫点、疫区，按“早、快、严、小”的原则及时严格封锁、隔离、急宰、检疫、彻底消毒，对受威胁区的易感畜进行紧急预防接种。在最后1头病畜痊愈或屠宰后14天，如未再出现新病例，经大消毒后可解除封锁。严禁从有病国家和地区购进活畜及其产品等。对口蹄疫流行区，坚持用口蹄疫灭活苗进行免疫接种。一般不治疗，病羊应就地扑杀，进行无害化处理。

【诊疗注意事项】通常只要见到易感动物口腔、蹄、乳房出现水疱性病变，即应迅速报告疫情，并采集病料送指定的实验室诊断。病原诊断所用病料以新鲜水疱皮为佳，应分别采自两个以上动物，每个动物不少于10克，最好以干冰冻存运送。

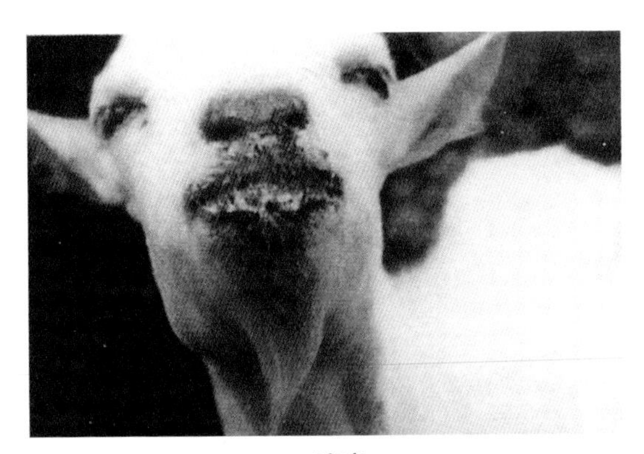

口蹄疫

从病羊口中流出含有泡沫的液体。（沈正达）

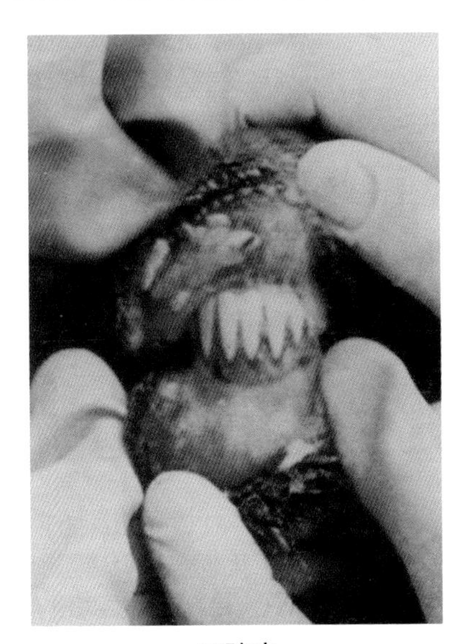

口蹄疫

口黏膜潮红，可见灰白色的水疱和溃疡。（田增义）

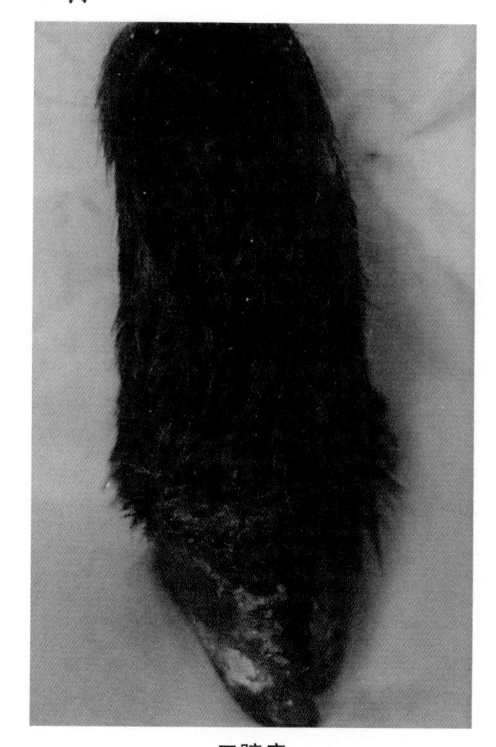

口蹄疫

蹄冠部皮肤水疱破裂后进一步发生溃疡、坏死。(甘肃农业大学兽医病理室)

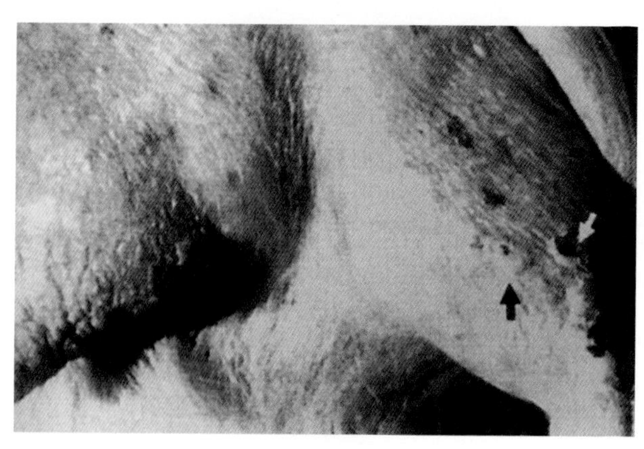

口蹄疫

一只奶山羊乳房皮肤上发生的水疱（↑）。(沈正达)

羊传染性脓疱

羊传性脓疱也称传染性脓疱性皮炎，俗称羊口疮，是由传染性脓疱病毒引起人兽共患的一种传染病。主要危害羔羊，以2 ~ 6月龄的羔羊多发，常见于秋季。本病的特征是口唇等处黏膜依次形成丘疹、脓疱 、溃疡和厚痂。

【病原】羊传染性脓疱（羊口疮）病毒，对外界环境抵抗力强，但对高温较敏感。常用消毒药有2%氢氧化钠溶液、10%石灰乳、20%热草木灰水等。

【典型症状与病变】根据症状和病变特点可分为下列四型：唇型、蹄型、外阴型和混合型。

（1）唇型　最为常见。病初在口角、上唇或鼻镜发生小红斑和小结节，进一步小结节发展成水疱或脓疱，脓疱破溃后形成黄色疣状硬痂。呈良性经过时，结痂扩大、增厚、干燥，在1 ~ 2周内脱落并恢复正常。严重病例，病变波及唇周围及面部、眼睑等部位，形成大面积有龟裂、易出血的污秽痂，其下有肉芽组织增生，整个唇鼻外观呈花椰菜头状，严重影响病羊采食，病羊衰竭、消瘦致死，病程可达2 ~ 3周。此外，唇内面，齿龈、软腭、舌、咽、瘤胃等处黏膜也可见结节、糜烂和溃疡。组织上，可见口蹄部黏膜，皮肤过度增生，坏死与发炎。

（2）蹄型　几乎仅见于绵羊，多单独发生。常在蹄冠、蹄叉和系部皮肤形成类似于唇型的丘疹、水疱和脓疱，脓疱破裂后形成溃疡。如继发感染，则发生化脓坏死，病羊跛行或长期卧地，严重时衰竭或因败血症而死亡。

（3）外阴型或生殖器型　少见。肿胀的阴唇和周围皮肤发生溃疡，乳房和乳头皮肤发生脓疱、烂斑和痂皮。公羊阴鞘和阴茎上也可见小脓疱和溃疡。

（4）混合型　很少见。少数病例可出现上述病变的混合型。

【诊断要点】根据羔羊口唇部的病变特点可以做出诊断。必要时进行血清学诊断、电镜检查病毒及动物实验等。

【防治措施】预防本病要严禁从疫区引进羊或购入饲料、畜产品。

对引进羊必需隔离观察2～3周，严格检疫，并对蹄部彻底清洗和消毒，证明无病后方可混入大群饲养。应注意避免皮肤、黏膜损伤，尽量清除饲料或垫草中的芒刺异物，并加喂适量食盐，以减少羊只啃土、啃墙引起损伤。在流行地区，用羊口疮弱毒苗进行免疫接种。发现病羊及时隔离治疗。被污染的草料应烧毁，圈舍、用具可用2%氢氧化钠液、10%石灰乳或20%热草木灰水消毒。

治疗可用水杨酸软膏涂抹病变部位，软化并除去痂垢，再用0.2%～0.3%高锰酸钾溶液冲洗创面，或用浸有5%硫酸铜溶液的棉球擦净溃疡面上的污物，之后涂以2%龙胆紫、碘甘油（5%碘酊加入等量甘油）或土霉素软膏，每天1～2次。蹄型病羊应将蹄部置于2%～4%福尔马林溶液中浸泡1分钟，连续浸泡3次；也可隔日用3%龙胆紫溶液、1%苦味酸溶液或土霉素软膏涂拭患部。

【诊疗注意事项】本病应与绵羊痘、口蹄疫、蓝舌病以及坏死杆菌病等有皮肤黏膜病变的疫病鉴别。但本病的病变定位较明确，以口唇部皮肤黏膜增生并形成厚痂为特征。相关人员在接触病羊时，应注意个人防护，以免经损伤的皮肤感染。在进行疫苗接种时，要使疫苗株的毒型与当地流行毒株相同。

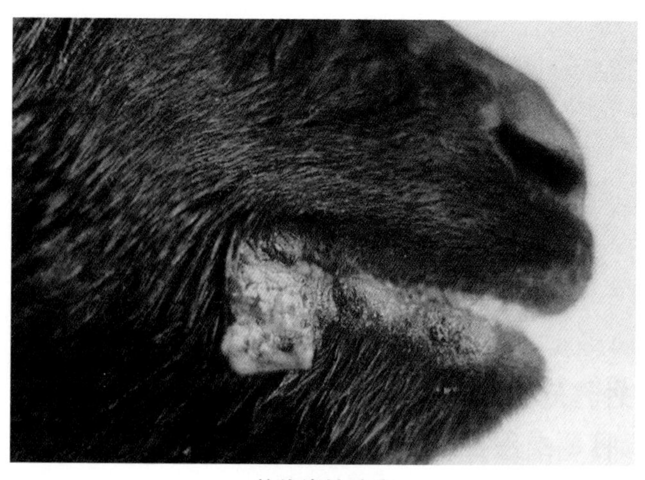

羊传染性脓疱

口角部见疣状增生性病变。(陈可毅)

羊传染性脓疱

鼻唇部皮肤和黏膜高度增生并形成厚痂皮。(刘安典)

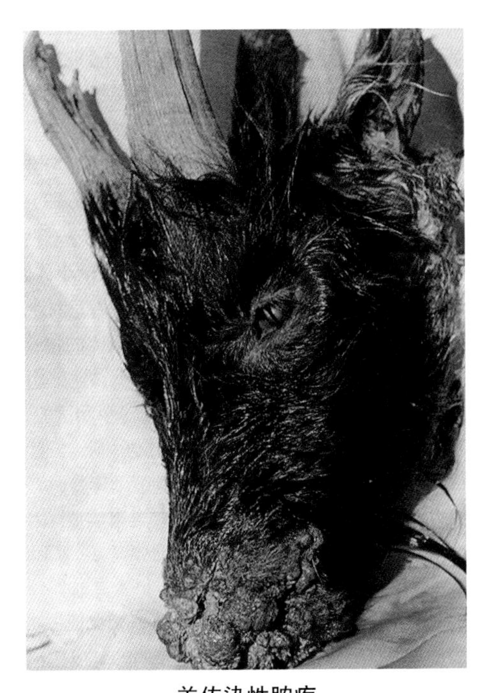

羊传染性脓疱

一只山羊鼻唇部发生的花椰菜头状病变。(甘肃农业大学家畜传染病室)

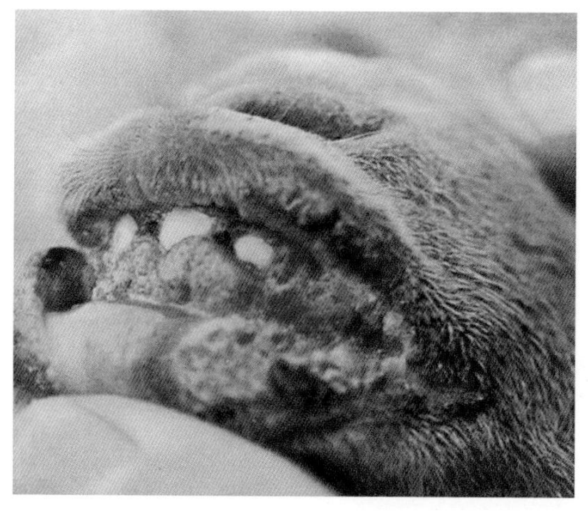

羊传染性脓疱

波尔山羊齿龈和下唇内侧黏膜的坏死与烂斑。(许益民)

羊传染性脓疱

乳头脓疱：病羔唇部的病变及被感染母羊乳头皮肤的脓疱。(许益民等)

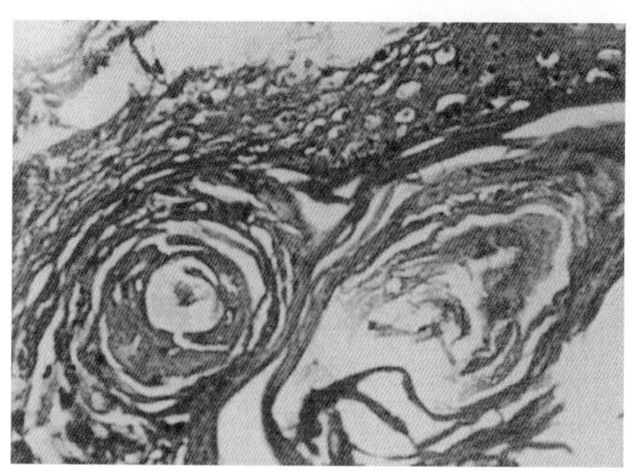

羊传染性脓疱

增生性皮炎：真皮中可见圆形同心层角蛋白。HE×100（许益民）

小反刍兽疫

小反刍兽疫又称小反刍兽假牛瘟、肺肠炎、口炎肺肠炎复征，是由小反刍兽疫病毒引起的一种急性接触性传染病，主要感染小反刍动物羊、羚羊、白尾鹿等，其中绵羊、山羊尤其幼龄羊发病率（100%）、病死率（80%～100%）都很高。我国西藏地区已有本病发生。其临诊病理特征是发热、腹泻、口炎、肠炎与肺炎。

【病原】小反刍兽疫病毒为麻疹病毒属的成员，其理化与免疫学特性与牛瘟病毒相似，但其病毒颗粒较大。本病毒可在胎羊肾及睾丸细胞上增殖，并产生细胞病变，形成合胞体。

【典型症状与病变】病初体温升高，精神沉郁，结膜与鼻黏膜发炎并流出黏脓性分泌物，呼出恶臭气体，以后口黏膜发生明显充血、出血与糜烂、溃疡，最后病畜排出血水样稀便，消瘦，脱水，呼吸困难，衰竭死亡。

主要病变除结膜炎与坏死性口膜炎外，尚见明显的皱胃出血、糜烂与溃疡，肠道出血、糜烂与溃疡，大肠（结肠后部）斑马条纹状出血，脾坏死灶，上呼吸道出血斑点与支气管肺炎病变。组织上，感染细胞（消化道黏膜上皮，肺泡上皮与支气管上皮，淋巴组织的细胞）常形成合胞体，并在其胞浆中出现嗜酸性包含体。

【诊断要点】根据体温升高、腹泻与皱胃、肠道等的出血性坏死性炎症变化，一般可对本病做出初步诊断，受害细胞合胞体及胞浆包含体的检查可进一步说明疾病的存在。如欲确诊，应采集病料进行病毒分离鉴定及血清学实验。

【防治措施】严禁从存在本病的国家或地区引进相关动物。在发生本病的地区，可根据小反刍兽疫病毒与牛瘟病毒抗原相关原理，用牛瘟组织培养苗进行免疫接种。

一旦发生本病，应按《中华人民共和国动物防疫法》规定，采取紧急、强制性的控制和扑灭措施，扑杀患病和同群动物。疫区及受威胁区的动物进行紧急预防接种。

【诊疗注意事项】本病的病变、症状与蓝舌病相似，应注意鉴别（表2）。

表2　小反刍兽疫与蓝舌病的鉴别点

	小反刍兽	蓝舌病
主要发病年龄	幼龄羊	1岁左右绵羊
发病季节	气候突变，寒冷	库蠓活动的夏季与早秋
主要症状	流涎，结膜炎，流鼻液，口黏膜出血、糜烂，腹泻	流涎，流鼻液，口唇水肿，口舌黏膜瘀血发绀，口鼻黏膜糜烂
主要病变	皱胃与肠出血、糜烂，大肠后段斑马条状出血，脾坏死灶，上呼吸道出血，支气管肺炎。组织上见受害组织合胞体及胞浆包含体形成	食管、前胃出血、糜烂，骨骼肌与心肌出血、坏死，主动脉、肺动脉出血，肺瘀血、水肿，急性蹄叶炎。组织上见肺等器官弥漫性血管内凝血

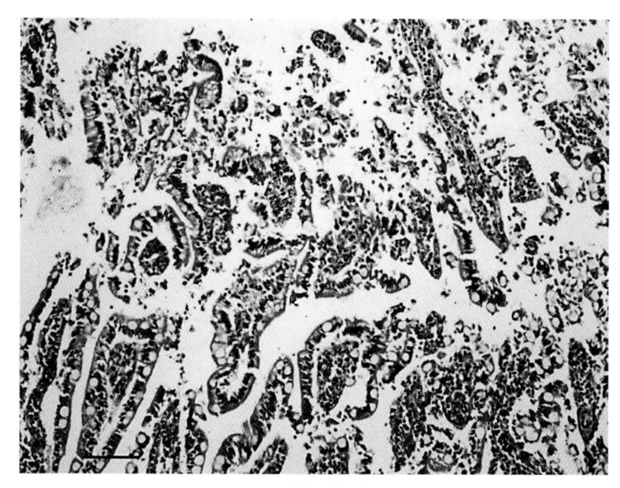

小反刍兽疫

实验病羊：小肠黏膜上皮坏死、脱落，肠腔中充满大量坏死、脱落的上皮细胞和炎性渗出物。HE×100（贾宁）

蓝　舌　病

蓝舌病是由蓝舌病病毒引起反刍动物的一种急性非接触性传染病，主要发生于1岁左右的绵羊，尤其欧洲种的美利奴羊，山羊、牛与鹿等野生反刍动物也可感染。本病主要发生于传播媒介库蠓等吸血昆虫活动的夏季和早秋，尤其低洼湿地。其临诊病理特征是发热、白细胞减少、流涎、流鼻液、舌紫红及出血、坏死性口膜炎、食管炎和前胃炎。

【病原】蓝舌病病毒为双股RNA病毒，有25个血清型，经库蠓等吸血昆虫吸血携带病毒而传播疾病。

【典型症状与病变】病初病羊体温升高（达40.5 ~ 41.5℃），白细胞减少，流涎与流鼻液，口黏膜瘀血、发绀，以后口鼻黏膜坏死糜烂，吞咽困难，蹄部皮肤坏死而出现跛行等。剖检时病变主要见于口腔、食管、前胃、心脏、骨骼肌和蹄部。舌呈蓝紫色，口、食管、胃（尤其前胃）黏膜呈出血性坏死性炎症变化，常表现为糜烂和溃疡，心内外膜、肺动脉与主动脉基部、小肠黏膜等均有明显出血，颈、肩、背、股等多处骨骼肌有灰白色坏死条纹和斑点，心室乳头肌也可见灰白色坏死灶。蹄部组织出血、坏死。

【诊断要点】根据流行特点、典型症状和上消化道、心肌与骨骼肌的特征坏死病变等，一般可对本病做出诊断。确诊可用病羊早期血液接种易感绵羊和免疫绵羊，或通过鸡胚等分离病毒，进一步确定毒型。也可用血清学诊断检测特异性抗体。

【防治措施】

预防：①蓝舌病病毒的多型性和在不同血清型之间无交互免疫性的特点，使免疫接种产生一定的困难。如需免疫接种，应先确定当地流行的病毒血清型，选用相应血清型的疫苗，才能获得满意的结果。弱毒疫苗接种后可引起不同程度的病毒血症，同时对胎儿有影响，导致母羊流产。运用时应加以注意。②严禁从有本病的国家、地区引进羊只。③加强冷冻精液的管理，严禁用带毒精液进行人工授精。④放牧时选用高地放牧，不在野外低湿地过夜，以减少感染机会。⑤定期进行药浴、驱虫，控制和消灭本病的媒介昆虫。⑥在新发生地区可进行紧急预防接种，并淘汰全部病羊。

治疗：目前无有效药物。对疑似病羊加强护理，避免烈日、风吹、雨淋，给予易消化饲料。用消毒剂对患部进行冲洗，同时选用适当的抗菌药预防继发感染。

【诊疗注意事项】本病口、鼻、舌黏膜及蹄部皮肤有坏死病变，故应与口蹄疫、传染性脓疱、坏死杆菌病等疾病鉴别，但这些疾病都没有口舌部的严重瘀血和整个上消化道的糜烂、溃疡病变以及体内多器官的多发性出血与横纹肌坏死变化。

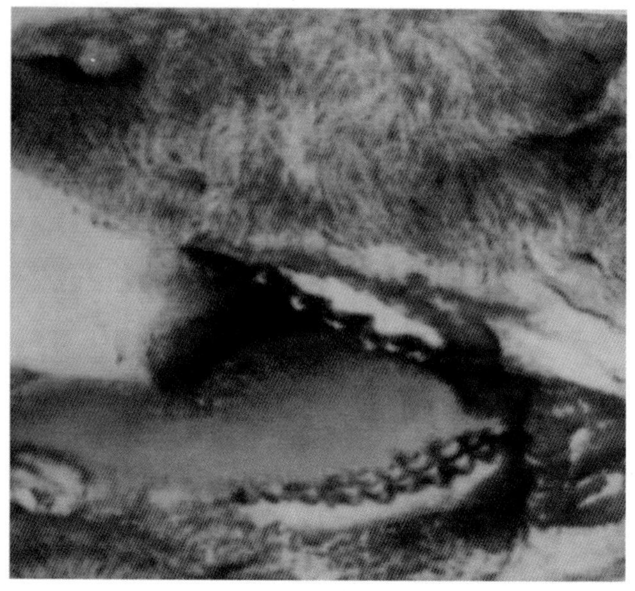

蓝舌病

舌高度瘀血，呈蓝紫色。（徐有生）

羊　　痘

羊痘是一种急性、热性、接触性传染病，其特征是在皮肤、黏膜和内脏上形成痘疹。绵羊痘是由绵羊痘病毒引起，只感染绵羊，羔羊易感，冬、春季较多发病，常呈地方性流行，发病率与死亡率均较高。山羊痘是由山羊痘病毒引起，只感染山羊。

【病原】绵羊痘病毒与山羊痘病毒均属于痘病毒科、山羊痘病毒属。主要存在于病羊皮肤、黏膜的丘疹、脓疱以及痂皮内，鼻分泌物和发热期血液内也有病毒存在。本病毒对直射阳光、高热敏感，一般消毒药物可将其杀死。

【典型症状与病变】

（1）绵羊痘　病程3 ～ 4周。疾病流行时，先在个别羊发病，以后逐渐蔓延全群。病初体温升高（41 ～ 42℃），食欲减退，眼睑肿胀，眼结膜潮红，眼、鼻有较多分泌物。经1 ～ 4天后发生痘疹，痘疹多见于无毛或少毛的皮肤。典型绵羊痘一般经历红斑期（皮肤、黏膜出现红斑）、丘疹期（红斑发展成坚硬的小结节）、结痂期（痘疹坏死、干燥结痂）和脱痂期（痂皮脱落，遗留红色或白色瘢痕，最后痊愈）。如果痘疹继发化脓菌感染，常出现脓疱或溃疡；如继发坏死杆菌感染，则形成坏疽性溃疡，有恶臭。除皮肤外，痘疹还可见于口腔、鼻腔、喉头、气管、胃及肺脏等。皮肤及黏膜的痘疹，初期为绿豆至豌豆大的圆形红斑，继而转变成直径为0.5 ～ 1厘米的丘疹，稍突出于表面，颜色由深红逐渐变为灰白或灰黄，周围有红晕，之后多经坏死、结痂和再生而愈合。组织检查时，在丘疹期增生变性的上皮细胞中可见到胞浆包含体。

（2）山羊痘　自然条件下，本病较为少见，且仅感染山羊，同群绵羊不显症状。山羊痘的症状及病变特点与绵羊痘相似。

【诊断要点】本病的诊断可根据以下几点：①皮肤与黏膜的典型痘疹病变；②体温升高；③呈先少后多的流行特点；④尸体剖检肺常有块状痘疹病变。非典型病例则须进行实验室检验。

【防治措施】定期注射羊痘鸡胚化弱毒疫苗，每只羊0.5毫升，尾根内侧或股内侧皮内注射，免疫期1年。山羊还可用我国近年研制的山羊痘弱毒疫苗预防，皮下注射0.5毫升，免疫期1年。严禁从疫区引进羊只或购入羊肉、皮毛等产品。发生疫情时，及时划区封锁，隔离病羊，彻底消毒环境，深埋或焚烧尸体。对疫区和受威胁区未发病羊实施紧急免疫接种。

本病尚无特效治疗药物，常采用对症治疗等综合措施。痘疹局部用0.1%高锰酸钾液冲洗后再用碘酊或龙胆紫药水涂抹。也可用2%来苏儿液冲洗，涂布抗菌药物软膏。如有继发感染，肌内注射青霉素80万～ 160万国际单位，每天1 ～ 2次，或磺胺类等药物。有条件的还可用免疫血清治疗。

【诊疗注意事项】本病应与口蹄疫、羊传染性脓疱、羊螨病等疾病鉴别，但口蹄疫流行时其他动物也可发病，传染性脓疱的病变主要位于口唇，而羊螨病的病变位于头部（疥螨）或被毛浓密的皮肤（痒螨），并有脱毛、痒感症状。

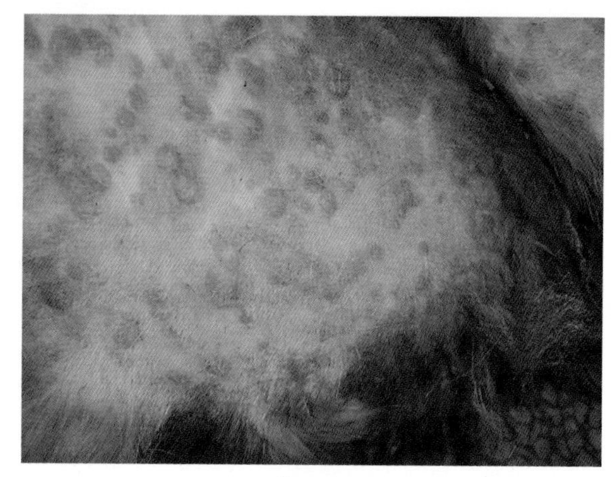

羊 痘

皮肤散在许多淡红色痘疹。(张强)

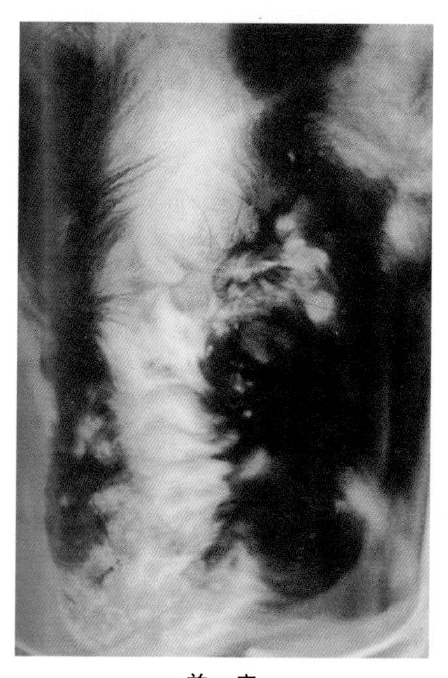

羊 痘

一只山羊眼周围与鼻、唇等部皮肤散在多发性痘疹。(甘肃农业大学兽医病理室)

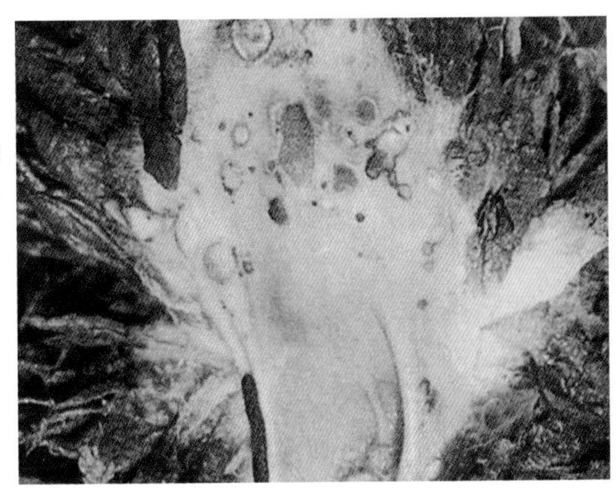

羊 痘

尾内侧皮肤的化脓性痘疹（脓痘），色淡黄；有的脓疱已破溃，可见红色溃烂面。（陈怀涛）

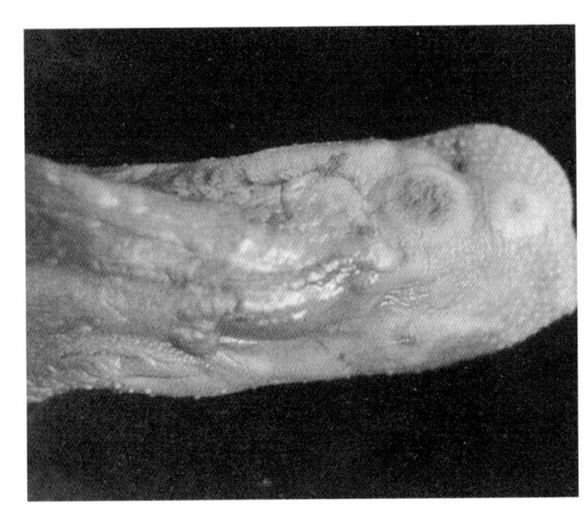

羊 痘

舌腹面见几个圆形痘疹，其周围隆起，中心稍凹陷。（甘肃农业大学兽医病理室）

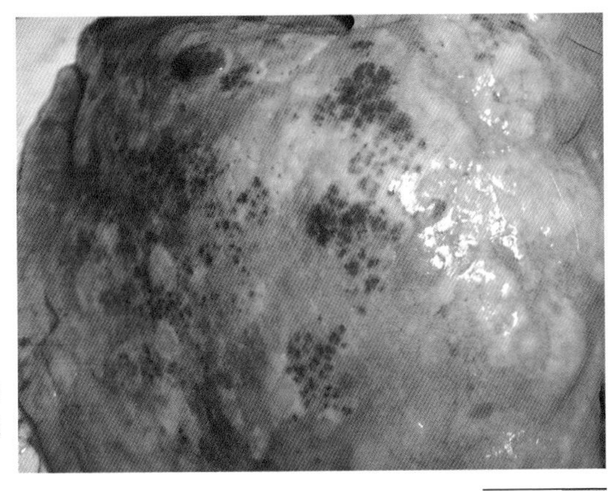

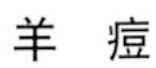

羊 痘

肺表面有许多大小不等的灰白色痘疹，微突，表面平滑。（张强）

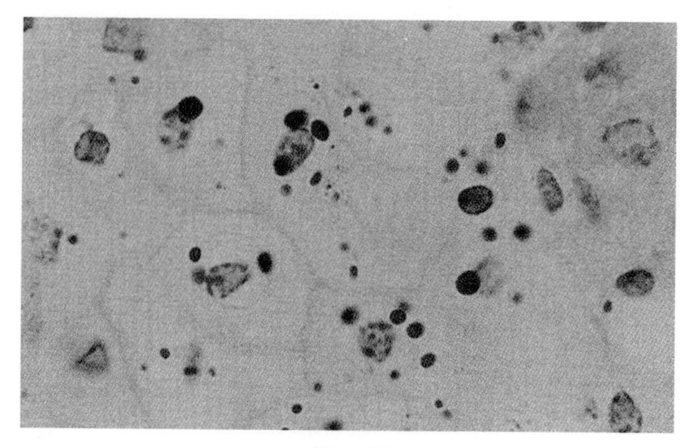

羊　痘

细胞浆包含体：在增生变性的皮肤表皮细胞浆中，见大小不等的包含体，色深红，形圆或椭圆。　HE×1000（陈怀涛）

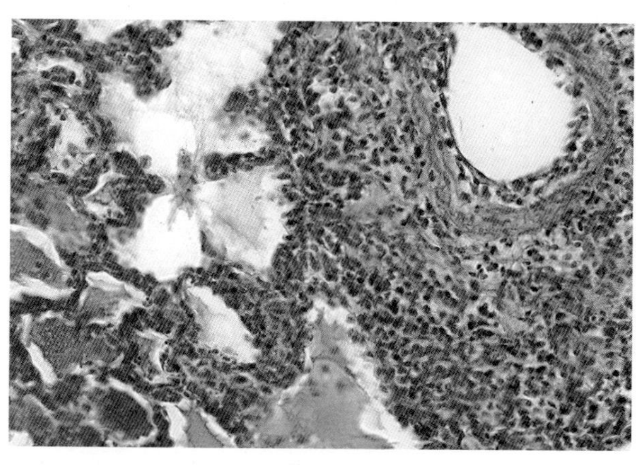

羊　痘

肺血管周围网状细胞增生，淋巴细胞浸润，从而形成“管套”，肺泡上皮增生，有些肺泡腔充满浆液和少量炎性细胞。HE×200（陈怀涛）

羊　痒　病

痒病又称慢性传染性脑炎，俗称搔痒病、摩擦病、驴跑病，主要是成年绵羊中枢神经受害的一种慢性进行传染病。其特征是病羊神经细胞空泡变性。临诊表现剧痒、进行性共济失调，最终瘫痪死亡。本病主要发生于2～4岁的绵羊，山羊自然感染极少。

【病原】痒病的病原为朊病毒，又称蛋白侵袭因子，不同于已知的病毒和类病毒，是一种异常稳定的、不含核酸的特殊糖蛋白，无免疫反应，不诱导产生干扰素，为特殊传染因子，靶细胞为神经细胞。痒病朊病毒对各种理化因素具有很顽强的抵抗力。

【典型症状与病变】潜伏期1～3年或更长。病羊表现神经症状并逐渐加剧。初期病羊沉郁，敏感，共济失调，后肢软弱，驱赶时呈驴跑姿势，常常跌倒。后期后躯麻痹，卧地不起，机体严重消瘦、虚弱，肌肉震颤。患病期间病羊出现瘙痒症状，常常啃咬或摩擦尾部、臀部、股部、前肢、头部和背部等，致使皮肤被毛脱落、红肿、溃烂。最终病羊衰竭死亡。尸体剖检内脏无明显肉眼可见病变。组织学检查，病变主要见于中枢神经系统的脑干和脊髓，表现为两侧对称性神经元皱缩与空泡变性、灰质海绵状变性（神经基质空泡化）、星形胶质细胞肥大与增生。神经元的空泡变性具有证病性。但病变区无炎症反应。

【诊断要点】主要依据典型症状和典型病理组织学变化进行诊断。必要时也可进行动物感染试验、异常朊病毒蛋白（PrPsc）的免疫学检测和痒病相关纤维（SAF）的检查。

【防治措施】目前尚无有效预防和治疗方法。一旦发现本病应将病羊及同群羊全部扑杀、焚烧、深埋。为了预防本病，一定要加强绵羊的进出口检疫。

【诊疗注意事项】本病应注意与羊梅迪-维斯纳病、螨病等有神经症状或瘙痒症状的疾病鉴别。前者无剧痒症状但有肺炎病变，后者虽有皮肤痒感症状但无神经症状和神经元空泡变性病变。本病在我国未曾发生，因此在诊断上应十分谨慎，目前病理组织学检查是重要的诊断方法。

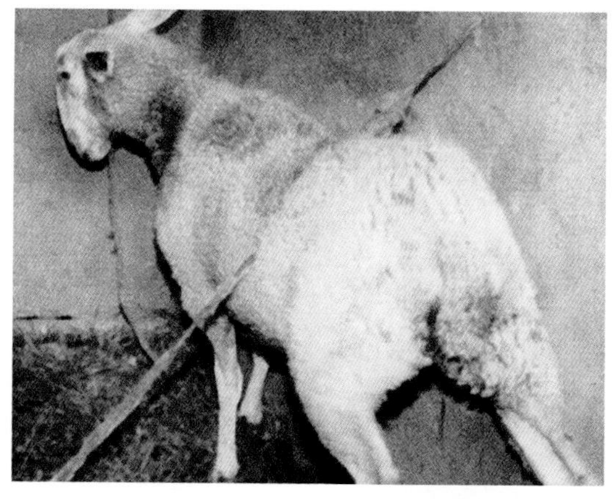

羊痒病

病羊在绳索下摩擦发痒的背部皮肤。(冯泽光)

羊痒病

病羊于疾病后期卧地不起，啃咬发痒的前肢皮肤。(冯泽光)

羊痒病

延髓神经元的空泡变性：神经元中有大小不一的空泡，核被挤压于一侧。 HE×400 (冯泽光)

绵羊肺腺瘤病

绵羊肺腺瘤病又称绵羊肺癌或驱羊病，是绵羊的一种慢性接触传染性肿瘤病，自然感染时潜伏期长达1～3年，3～5岁绵羊多发。本病的特征是肺泡和细支气管上皮呈腺样增生，形成多发性乳头状囊腺瘤，故有呼吸困难症状和呼吸道有大量液体积聚，肿瘤灶附近的肺泡中常有大量巨细胞积聚。

【典型症状与病变】病羊表现虚弱、消瘦、咳嗽、渐进性呼吸困难，呼吸道积聚大量渗出液。如将病羊后躯抬高，则可流出大量鼻液，此即“手推车试验”。病变主要见于肺和局部淋巴结。肺脏明显肿大，重量增加，打开胸腔肺脏不回缩。肺脏表面可见有大小和数量不等的灰白色结节；疾病后期结节融合成肿块，切面湿润，如有继发感染则发生化脓。组织变化主要为肺泡和细支气管上皮增生并形成乳头状或腺样结构。

【诊断要点】生前根据临诊症状可怀疑本病，死后组织学检查可以确诊。

【防治措施】严禁从有本病的国家和地区引进羊。一旦发现病羊，立即扑杀，全群淘汰，重新建立健康羊群。目前无有效治疗方法。

【诊疗注意事项】“手推车试验”是本病的生前检查方法，但试验时如无鼻液流出，也不要完全否定本病的存在。本病的病变位于肺部，又有呼吸症状，故应与羊巴氏杆菌病、梅迪-维斯纳病及肺线虫病等相鉴别。巴氏杆菌病常呈急性经过，病原为两极染色的巴氏杆菌；梅迪-维斯纳病为淋巴细胞性间质性肺炎和脑炎病变；而肺线虫病的病变肺切面常可挤出肺线虫。

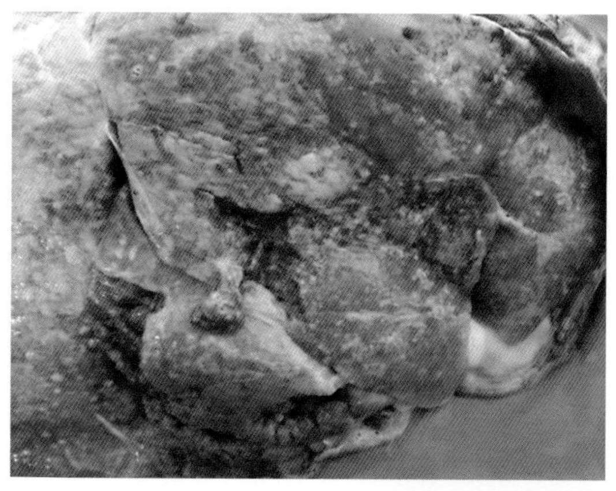

绵羊肺腺瘤病

肺表面散在大小不等的灰白色肺腺瘤结节。（贾宁）

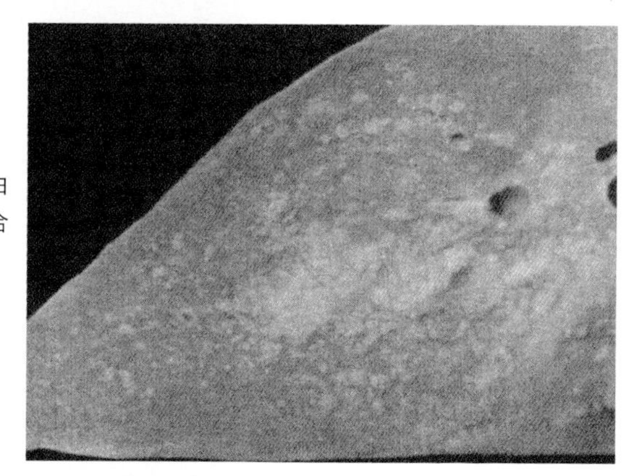

绵羊肺腺瘤病

肺切面见许多大小不等的灰白色肺腺瘤结节，有些结节已融合为团块。（陈怀涛）

绵羊肺腺瘤病

肺泡因其上皮细胞增生而呈腺泡样，有些增生的上皮呈乳头状突起伸向肺泡腔，肺泡间隔的结缔组织也增生并伸入突起中。HE × 200（陈怀涛）

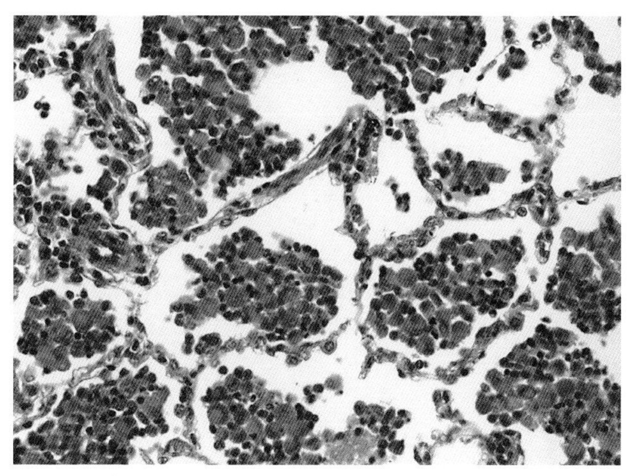

绵羊肺腺瘤病

巨噬细胞性肺泡炎：腺瘤灶附近的肺泡腔中巨噬细胞大量积聚，其中杂有少量中性和嗜酸性粒细胞。HE×400（陈怀涛）

羊梅迪–维斯纳病

羊梅迪-维斯纳病也称绵羊进行性肺炎，是成年绵羊的一种慢性接触性传染病，病原为同一种病毒，但临诊和病理变化有两种不同的类型，故也分别称为梅迪病和维斯纳病。梅迪病的病变以慢性进行性间质性肺炎为特征，而维斯纳病则以慢性脑脊髓膜炎和灶性脱髓鞘性脑脊髓白质炎为特征。

【病原】梅迪-维斯纳病病毒为单股RNA病毒。病毒主要存在于感染宿主的肺脏、纵隔淋巴结和脾脏等组织。该病毒对乙醚、氯仿、乙醇、胰酶等敏感，可被0.1%甲醛溶液、4%酚和50%酒精灭活。

【典型症状与病变】本病潜伏期很长，一般1～3年或更长，主要发生于2～4岁的成年绵羊，山羊也可感染，发病不分季节，发病率一般为4%左右，但病死率100%。

（1）梅迪病（肺炎型） 病羊表现咳嗽，呼吸困难，呼吸时鼻孔张大，头高仰，体温一般正常，逐渐消瘦，甚至出现乳房硬化、产奶量减少或无乳、关节炎及跛行等。在持续2～5个月甚至1～2年后常以死亡告终。剖检见肺脏体积显著膨大，达正常2～4倍，剖开胸腔时不塌陷，重量增加，病变部位呈灰白或灰红色，质地坚实如橡皮。透过肺胸膜可看到针尖大小的灰白色小点，在肺表面还可看到因小叶间质增宽而呈现的细网状花纹。支气管与纵隔淋巴结明显肿大。组织上，呈典型间质性肺炎变化。肺泡间隔、支气管和血管周围、小叶间及胸膜下有大量网状细胞和淋巴细胞增生，形成大量有生发中心的淋巴滤泡，肺泡腔缩小或闭塞，肺泡上皮化生为立方上皮，有些肺泡内充满巨噬细胞。淋巴结呈慢性增生性炎症变化。

（2）维斯纳病（脑脊髓炎型） 病羊主要表现运动失调，由轻瘫发展成全瘫，最终麻痹死亡。有时口唇和眼睑震颤，头偏向一侧。病情一般发展很缓慢并逐渐恶化，病程为数月或数年。剖检时肉眼常无明显病变。组织上，脊髓和脑底部组织有非化脓性脑脊髓膜炎，脑膜因淋巴细胞浸润和纤维增生而增厚。脑和脊髓的实质可见神经胶质增生和血管管套形成。白质出现灶性脱髓鞘，在脑膜和脑底脑膜附近形成脱髓鞘腔，白质中有明显的淋巴细胞性血管管套。小脑白质几乎完全被破坏，灰质则无损伤。

【诊断要求】根据流行特点、症状、病变尤其组织病变特征可对本病做出初步诊断。确诊需要进一步做病毒检查和血清学试验。

【防治措施】严禁从发生本病的国家和地区引进羊只。定期检疫和淘汰血清学阳性羊，逐步建立无病毒感染的清洁羊群。本病目前尚无特异性疫苗，也无有效治疗方法。

【诊疗注意事项】注意本病和绵羊肺腺瘤病、肺线虫病及有神经症状的疾病鉴别。

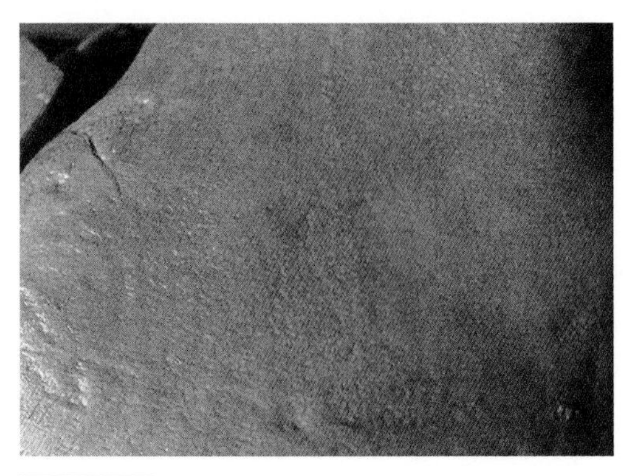

羊梅迪-维斯纳病

肺膨大、不塌陷，表面散布大量灰白色半透明的小结节。（陈怀涛）

羊梅迪-维斯纳病

肺切面见许多灰白色小结节。(陈怀涛)

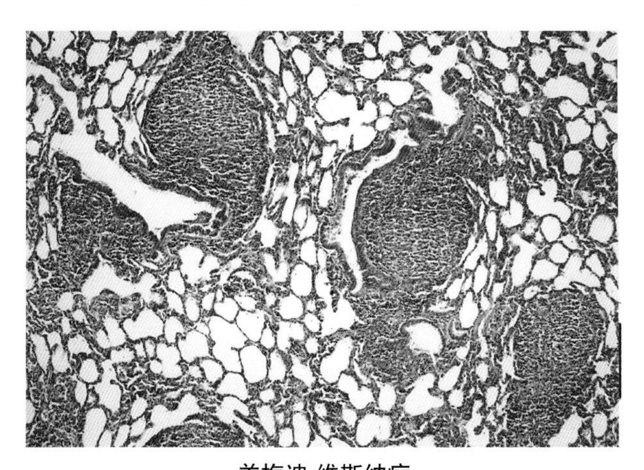

羊梅迪-维斯纳病

肺组织中淋巴滤泡增生，其生发中心明显。 HE×100（陈怀涛）

山羊病毒性关节炎-脑炎

山羊病毒性关节炎-脑炎是山羊的一种进行性、慢性消耗性传染病。以羔羊脑脊髓炎、成年山羊慢性多发性关节炎、间质性肺炎和硬结性乳房炎为特征。在自然条件下，绵羊不感染本病。

【病原】病原为山羊关节炎-脑炎病毒。本病毒为单股RNA病毒。其形态结构和生物学特性与梅迪-维斯纳病病毒相似。

【典型症状与病变】本病根据临诊表现可分为四型。

（1）关节炎型　多见于1岁以上成年山羊，病程1～3年。病变主要在腕关节、膝关节和跗关节。关节肿大、发热、疼痛，病羊程度不同地跛行，有的前膝跪地、膝行。关节腔充满黄色或淡红色液体，其中混有纤维素絮状物。滑膜增厚，有点状出血，常与关节软骨粘连。

（2）脑脊髓炎型　多见于2～4月龄羔羊。病初表现沉郁、跛行，进而共济失调、一肢或数肢麻痹，或卧地式四肢划动。有的眼球震颤、愤怒、转圈运动、头部抽搐、角弓反张，甚至横卧不起。也有病例可见面神经麻痹、吞咽困难、双目失明。病程半月至数年，多以死亡告终。小脑与脊髓呈现非化脓性脑炎变化。

（3）间质性肺炎型　较少见，各种年龄均可发生，更多见于成年山羊，病程3～6个月。病羊进行性消瘦、咳嗽、呼吸困难。肺轻度肿大，质地较硬，表面散在灰白色小点，切面有大叶性或小叶性肺炎实变区。组织上呈典型的间质性肺炎变化。细支气管和血管周围有单核细胞形成的“管套”，肺泡上皮增生、化生，肺泡隔增厚，小叶间结缔组织增生。

（4）硬结性乳房炎型　哺乳母羊可发生乳房炎，乳房坚硬、肿胀、少乳或无乳。组织上乳腺间质有大量淋巴细胞、浆细胞及单核细胞浸润，并伴有间质灶状坏死。

【诊断要点】根据流行病学、典型症状、病变特征可怀疑本病，确诊应依靠病原分离鉴定和血清学试验（如琼脂扩散试验）。

【防治措施】本病目前无预防疫苗，也无特效治疗方法。应加强饲养管理、定期检疫和扑杀血清学阳性羊，加强消毒，逐步建立无病毒感染的清洁羊群。

【诊疗注意事项】本病的症状和病变明显，但不能仅依此做疾病诊断。许多传染病与非传染病都可出现类似症状，必须排除，应特别注意与梅迪-维斯纳病鉴别。但后者的特征为淋巴细胞性间质性肺炎、慢性脑脊髓膜炎和灶性脱髓鞘性脑脊髓白质炎。

山羊病毒性关节炎-脑炎

成年奶山羊的两前肢腕关节肿大。(李健强)

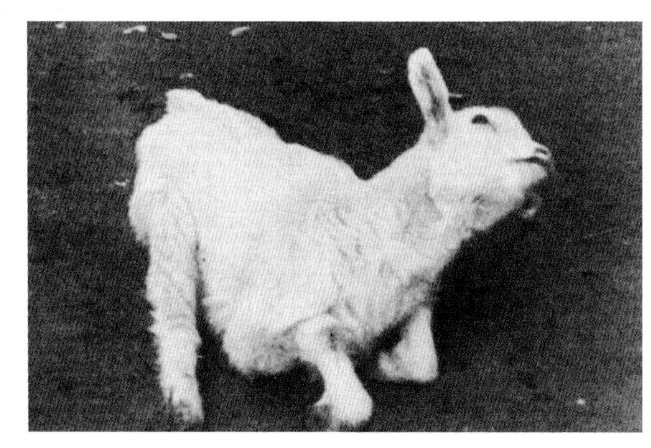

山羊病毒性关节炎-脑炎

病羔羊呈头颈歪斜、后仰等神经症状。(李健强)

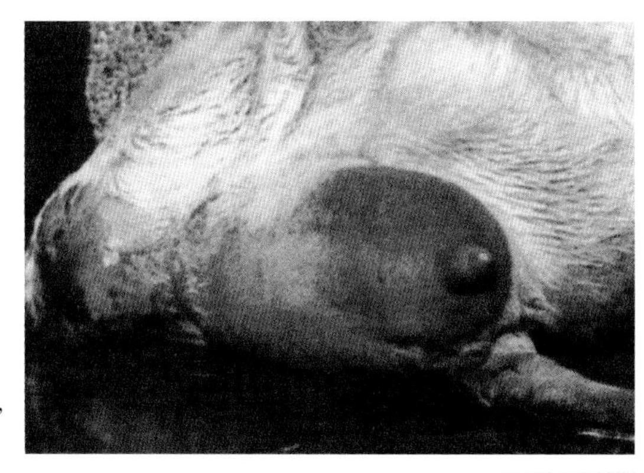

山羊病毒性关节炎-脑炎

病羊分娩后乳腺硬肿、发红，产奶量减少。(李健强)

第二部分　寄生虫病

片形吸虫病

片形吸虫病是由肝片形吸虫和大片形吸虫寄生于羊的肝脏、胆管，引起以肝炎和胆管炎为主要病症的严重的寄生虫病，常可导致绵羊大批死亡。

【病原】肝片形吸虫与大片形吸虫均属片形吸虫，二者在形态上相似。但虫体大小有所不同。

【典型症状与病变】绵羊最易感，死亡率高。其发生与中间宿主椎实螺有关，常发于低洼草滩、沼泽地带，多见于夏末、秋季和初冬季节。急性病例病势猛，突然倒毙。病初体温升高，精神沉郁，易疲劳，肝区压痛敏感，有腹水。慢性病例较多见，逐渐消瘦、贫血和呈低白蛋白血症，眼睑、颌下和胸下水肿。部分羊死于恶病质。妊娠羊往往流产。肝脏变化突出。急性呈损伤性出血性肝炎，慢性多呈慢性胆管炎。胆管内有大量虫体时，呈慢性胆管炎和间质性肝炎变化，胆管壁因组织增生而增厚，黏膜增生或坏死脱落。

肝切面上胆管壁增厚，内表面不平，管腔中有肝片形吸虫、浓稠的胆汁和盐类沉积。

【诊断要点】根据症状、流行特点、粪便检查和死后剖检等方面进行综合判定。

【防治措施】预防应加强饲养管理，保持牧场清洁干燥，注意饮水卫生，粪便堆集发酵。注意消灭中间宿主。定期驱虫。每年进行两次（秋末冬初和冬末春初）预防性驱虫。对病畜应进行驱虫治疗，可根据具体情况选择下列药物。

（1）丙硫苯咪唑（肝蛭净） 每千克体重5 ～ 10毫米，一次口服。

（2）三氯苯唑 每千克体重8 ～ 12毫克，一次口服。

（3）硝氯酚 粉剂每千克体重4 ～ 5毫克，一次口服。针剂，每千克体重0.75 ～ 1.2毫克，深部肌内注射。

（4）双乙酰胺苯氧醚 每千克体重120 ～ 150毫克，一次口服。

【诊疗注意事项】对急性病例，因虫体尚未发育成熟，粪便检查不易发现虫卵，必须结合病理剖检，检查肝脏与胆管中是否有大量童虫存在。

片形吸虫病

片形吸虫病的大体形态：虫体呈叶片状，背腹扁平，活体色棕红，固定后色灰白，其大小随宿主和发育情况不同而异，成虫大小为(20.0 ～ 30.0) 毫米 × (8.0 ～ 13.0) 毫米，前端有一三角形头锥，“肩”宽，随后逐渐变窄；口吸盘位于头锥前端，腹吸盘较大，位于口吸盘稍后，二者间为生殖孔。(甘肃农业大学家畜寄生虫室)

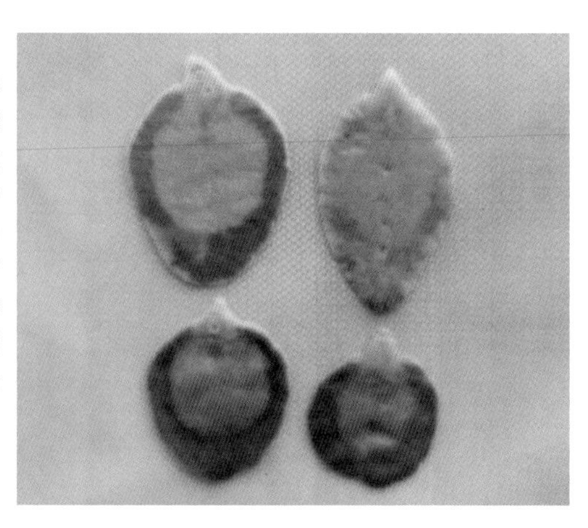

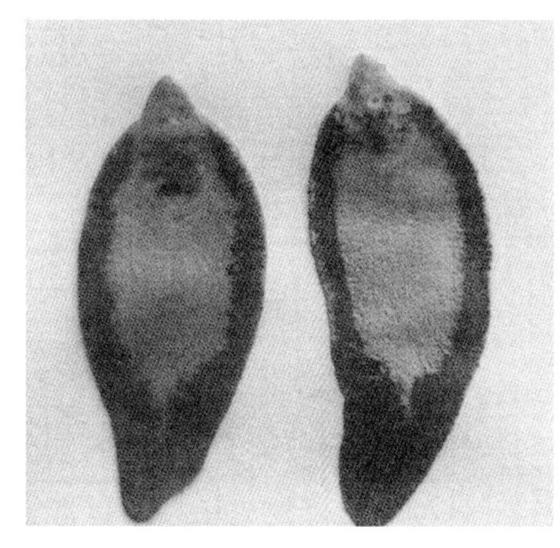

片形吸虫病

大片形吸虫的大体形态：其形态与肝片形吸虫相似，但个体较大，大小为 (33.0 ～ 76.0) 毫米 × (5.0 ～ 12.0) 毫米，两侧较平直，呈竹叶状，体长超过体宽2倍以上，“肩”不明显。(甘肃农业大学家畜寄生虫室)

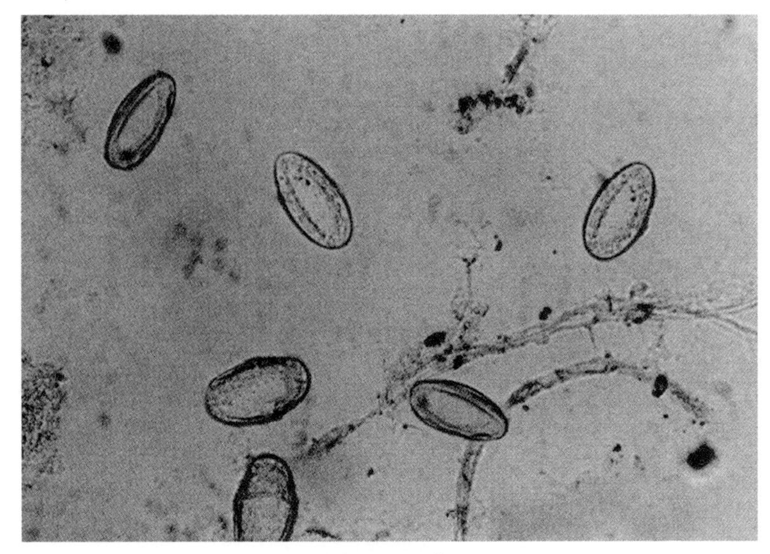

片形吸虫病

肝片形吸虫虫卵的形态：呈椭圆形，大小为（130.0～150.0）微米×（70.0～90.0）微米，大片形吸虫虫卵略大，为（150.0～190.0）微米×（75.0～90.0）微米。(陈怀涛)

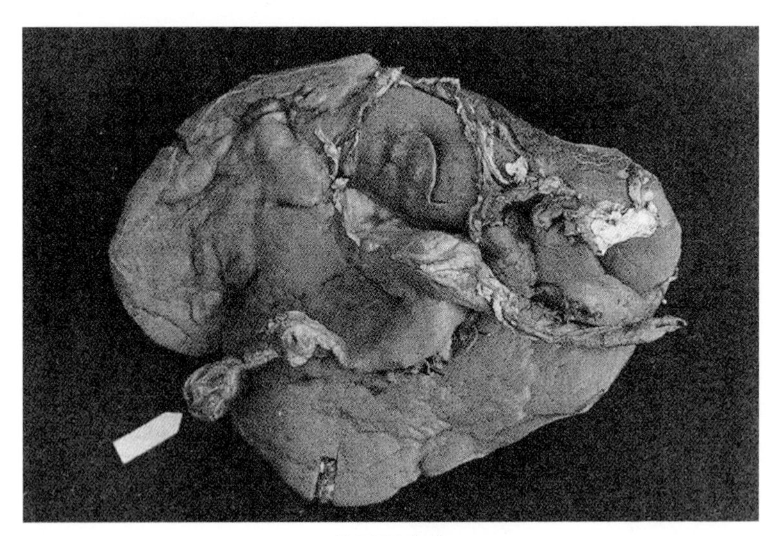

片形吸虫病

慢性胆管炎：胆囊缩小（↑），其中胆汁浓缩；胆管增粗、管壁增厚，故使肝表面呈结节状。(陈怀涛)

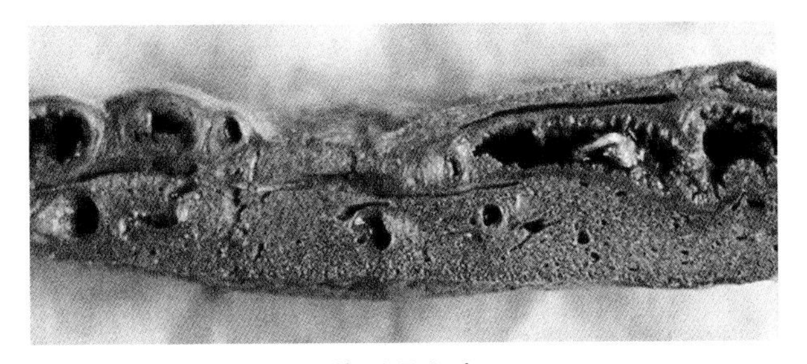

片形吸虫病

慢性胆管炎：肝切面上见胆管壁明显增厚，内表面不平，管腔中有肝片形吸虫、浓稠的胆汁和盐类沉积。（陈怀涛）

歧腔吸虫病

歧腔吸虫病是由矛形歧腔吸虫和中华歧腔吸虫寄生于牛、羊等反刍动物的胆管和胆囊内所引起的寄生虫病。

【病原】矛形歧腔吸虫（亦称双腔吸虫），虫体较宽扁、透明、呈棕红色，呈矛状。体长5～15毫米、宽1.5～2.5毫米，口吸盘在前端，腹吸盘在体前端1/5处。雌雄同体。

中华歧腔吸虫的形态与矛形歧腔吸虫相似，虫体扁平。前部呈头锥形，后两侧呈肩样突。体长3.5～9毫米，宽2.03～3.09毫米。

【典型症状与病变】多在冬、春季节发病。轻度感染时，症状不明显。严重感染时，有黄疸、消瘦、颌下与胸下水肿、下痢等症状。歧腔吸虫在胆管内寄生可引起黏膜卡他性炎症，胆管壁增生、肥厚，使肝表面形成灰白色条纹。严重时，导致肝硬变。切开胆管时，可见虫体和胆汁。

【诊断要点】粪便检查出虫卵和死后剖检在胆管发现虫体即可确诊。

【防治措施】预防本病要加强饲养管理，避免在潮湿和低洼的牧地放牧。消灭中间宿主（陆地螺），定期驱虫。保持牧场清洁干燥，注意饮水卫生，粪便堆集发酵。治疗可采用以下方法。

（1）丙硫苯咪唑　配成5%悬混液，用量为每千克体重100～300毫升，灌服。

（2）六氯对二甲苯　每千克体重200 ～ 300毫克，口服。

（3）吡喹酮　每千克体重10 ～ 35毫克，油剂腹腔注射。

【诊疗注意事项】本病流行地区应在每年初冬和早春各进行一次预防性驱虫。死后剖检时本病的肝脏病变和片形吸虫病相似，都表现为慢性胆管炎，但本病主要为较小的胆管受害，注意两种疾病的鉴别。

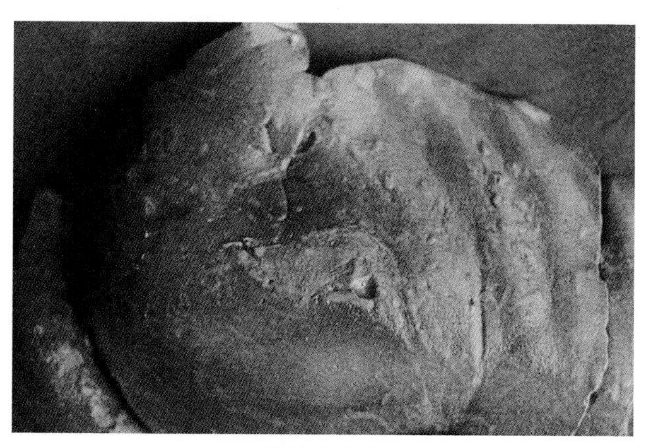

歧腔吸虫病

慢性小胆管炎：肝表面粗糙不平，并见许多灰白色小条状病灶。（陈怀涛）

歧腔吸虫病

慢性小胆管炎：肝切面见许多小胆管壁增厚，呈淡灰黄色，管腔中有许多黏糊状物质，有的胆管被歧腔吸虫所堵塞。（陈怀涛）

血吸虫病

血吸虫病是由日本分体吸虫寄生于人和牛、羊、啮齿类及一些野生哺乳动物门静脉系统小血管内所引起的一种严重的人兽共患寄生虫病。

【病原】日本分体吸虫雌雄异体，呈线状。雄虫呈乳白色，体长10 ~ 20毫米、宽0.5 ~ 0.55毫米。口吸盘在虫体前端，腹吸盘在口吸盘稍后。雄虫体壁自腹吸盘后两侧向腹面卷起形成抱雌沟，雌虫常居于此抱雌沟内，呈合抱状态，交配产卵。雌虫较细长，体长15 ~ 26毫米、宽0.3毫米，呈暗褐色。虫卵椭圆形，呈淡黄色，无卵盖，在其侧上方有一小刺。卵内含毛蚴。

【典型症状与病变】病羊多表现慢性经过，只有突然感染大量尾蚴时，才呈急性发病。急性病例临诊上表现体温升高、食欲减退、精神沉郁、呼吸困难、消瘦、下痢等，常大批死亡。慢性病例则表现可视黏膜苍白、颌下及腹下水肿、腹围增大、消化不良、黄疸。幼羊生长发育停滞，甚至死亡。母羊可导致不孕或流产。尸体明显消瘦、贫血，有大量的腹水。病变主要是虫卵结节。肝脏表面或切面上，可见粟粒大至高粱米粒大的灰白或灰黄色小结节。严重时，肠道尤其直肠可见虫卵或幼虫沉积。肠系膜淋巴结肿大，门静脉和肠系膜静脉内可见呈合抱状态的虫体。

【诊断要点】血吸虫病的生前确诊要靠病原学检查和血清学试验。病原学检查最常用的方法为虫卵毛蚴孵化法，其次是沉淀法。血清学试验有间接血球凝集试验（IHA）和酶联免疫吸附试验（ELISA）。组织上可在肝脏和肠道发现虫卵结节和虫体所致的血管变化。

【防治措施】预防应加强饲养管理，保持牧场清洁干燥，避免到有中间宿主钉螺存在的地方放牧。加强饮水、粪便的管理，粪便需堆集发酵。治疗可采用以下方法。

（1）吡喹酮　每千克体重10 ~ 35毫克，一次口服。

（2）硝硫氰胺（7505）　按每千克体重4毫克，配制成2% ~ 3%水悬液，颈静脉注射。

（3）六氯对二甲苯　每千克体重200 ~ 300毫克，口服。

【诊疗注意事项】生前仅依症状不能做出诊断，死后病理变化是诊断的重要依据，但只有发现病原才可确诊。在该病的防制上，定期驱虫，淘汰病羊，杀灭中间宿主，阻断血吸虫的发育途径尤为重要。

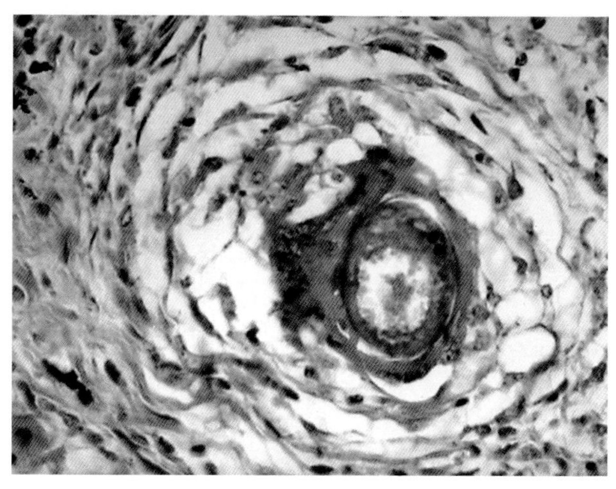

血吸虫病

肝脏的增生性虫卵结节：在死亡的成熟虫卵附近是巨细胞和上皮样细胞，其外由成纤维细胞包围，同时可见少量嗜酸性粒细胞；肝组织中有褐色血吸虫色素沉着。HE×400（祁保民）

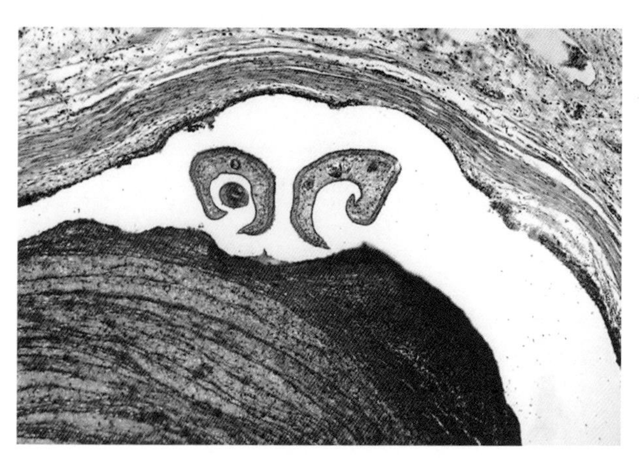

血吸虫病

日本分体吸虫和血栓形成：牛肝的门静脉内见雌雄合抱的日本分体吸虫和层状结构的血栓，静脉周围结缔组织增生。HE×100（陈怀涛）

脑多头蚴病

脑多头蚴病也称脑包虫病，是由多头绦虫的幼虫——脑多头蚴（脑包虫）寄生于羊和其他反刍动物的脑或脊髓引起的一种寄生虫病。

【病原】多头蚴呈囊泡状、乳白色，由豌豆到鸡蛋大，囊内充满透明液体。囊的内壁有100 ~ 250个原头蚴，每个原头蚴直径为2 ~ 3毫米。多头蚴寄生于羊的脑内或脊髓，尤其是2岁以下的绵羊极易感染；其成虫（多头绦虫）寄生于犬和其他肉食动物的小肠。

【典型症状与病变】病羊常出现转圈运动或向前直冲，共济失调，步态蹒跚，视力减退甚至失明。有时病羊离群落后，躺卧不起。如多头蚴寄生于大脑半球，病羊常向有虫体的一侧旋转；寄生于小脑时，常失去平衡，步态蹒跚，寄生于脊髓时，则易引起后肢麻痹，可出现犬坐姿势等。

急性死亡的病例有脑膜炎及脑炎病变。慢性病例可在脑或脊髓中发现1个或多个多头蚴囊泡。囊泡可位于脑的表层或脑组织中，呈球形或椭圆形，从豌豆大至乒乓球大或更大，囊膜色灰白，内含无色液体，囊膜内侧面有许多白色颗粒（原头蚴或多头蚴头节群）。周围脑实质因受压而形成腔体，多头蚴的囊泡即位于此腔内。如囊泡位于脑表面，因其压迫常使颅骨变薄、变软，用手轻压局部，可使其微微下陷。

【诊断要点】生前可根据流行特点、典型症状和头部触诊做出诊断。死后可根据病变做出确诊。

【防治措施】预防需加强饲养管理，保持牧场清洁干燥，注意饮水卫生，粪便堆集发酵。严禁犬、狼等肉食兽食入带有多头蚴的羊脑和脊髓。此外，对犬必须定期驱虫，对其排出的粪便和虫体应深埋或烧毁。早期治疗可采用吡喹酮和丙硫苯咪唑，有较好的疗效。如包虫位于脑表层，可采用外科手术取出。

【诊疗注意事项】在本病的诊断中，现已可采用间接血凝试验检测羊多头蚴抗体，特异性好，敏感性高。

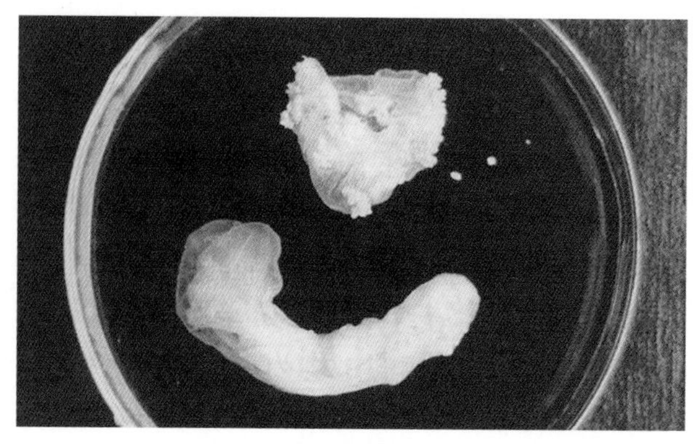

脑多头蚴病

两个离体的脑多头蚴囊泡，其中一个的原头蚴（小白点）已被翻出。（李晓明）

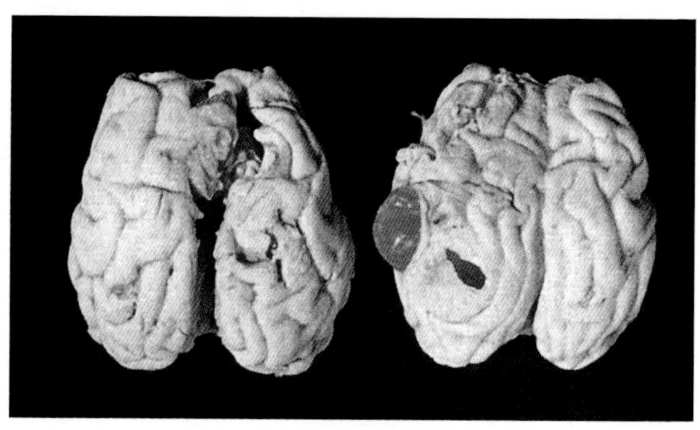

脑多头蚴病

寄生脑多头蚴的两个大脑，左侧的多头蚴位于大脑半球间，右侧的位于大脑半球浅层（囊泡已突出）。（陈怀涛）

棘球蚴病

棘球蚴病也称包虫病，是由细粒棘球绦虫的中绦期——棘球蚴引起羊的一种寄生虫病，多种家畜和人也可感染发病。

【病原】棘球蚴主要寄生于羊的肝脏和肺脏，脾脏、脑、肾脏、心脏等脏器也可寄生。棘球蚴常呈球形囊泡，大小可由黄豆至人头大，囊内充满液体。棘球蚴的囊壁有两层，外为角质层，内为生发层。生发层向囊内长出许多原头蚴或含有头节的生发囊。一个发育好的棘球蚴，囊内有多达200万的原头蚴。游离于囊液内的子囊、生发囊和原头蚴似砂粒状，称棘球蚴砂或包囊砂。成虫为细粒棘球绦虫，虫体小，寄生于犬和其他肉食动物的小肠。

【典型症状与病变】轻度感染和感染初期症状不明显，后期或严重感染时，消瘦、无力，被毛粗乱、脱落。肺部感染时，有明显的咳嗽。如棘球蚴破裂，则疾病迅速恶化，最终因窒息而死亡。剖检可见，羔羊轻度感染时，囊泡多位于肝脏，成年绵羊则多同时见于肝和肺。单个囊泡大多位于器官的浅表，突出器官的浆膜。有时器官内有许多大小不等的囊泡，直径一般为5 ~ 10厘米，小的仅黄豆大，大的可达50厘米，囊泡间仅残留少量实质。棘球蚴的囊泡为灰白色或浅黄色，球形、卵圆形或不正圆形，其中含有透明的囊液。有时棘球蚴死亡，液体被吸收，剩余浓稠的内容物，囊泡萎陷、皱缩，甚至继发感染或发生钙化。

【诊断要点】生前诊断较困难，可试用X光透视；尸体剖检可对本病做出确诊。间接血凝试验（IHA）和酶联免疫吸附试验（ELISA）现已用于诊断。

【防治措施】本病应以预防为主。加强饲养管理，保持牧场清洁干燥，注意饮水卫生，粪便堆集发酵。在流行区内要严格管理犬，给犬定期驱虫，消灭成虫；对其排出的粪便和虫体应深埋或烧毁。严禁用有棘球蚴病的和未煮熟的羊内脏喂犬，治疗可采用以下药物。

（1）丙硫咪唑　每千克体重5 ~ 15毫克，每天服1次连服2次。

（2）吡喹酮　每千克体重10 ~ 35毫克，每天服1次，连服5天。

【诊疗注意事项】本病虽可治疗，但预防（对犬进行定期驱虫和粪便的无害化处理）尤为重要。

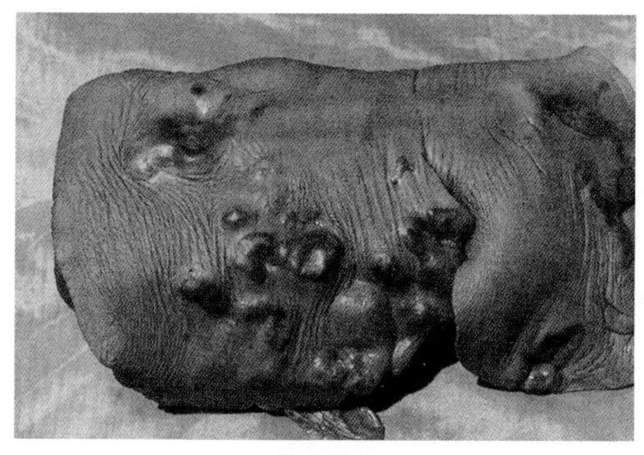

棘球蚴病

寄生于羊肝表面的棘球蚴囊泡，其中充满淡灰黄色液体。(陈怀涛)

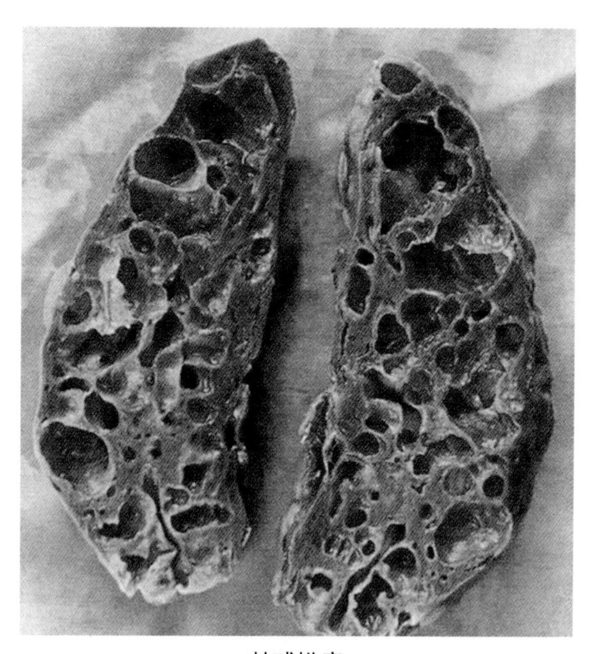

棘球蚴病

棘球蚴大量寄生时，肝切面可见许多大小不等的囊泡，其中充满液体，有的则为血液，由于囊壁结缔组织大量增生，致使肝质地变硬，肝实质受压萎缩。(陈怀涛)

细颈囊尾蚴病

细颈囊尾蚴病是由泡状带绦虫的中绦期——细颈囊尾蚴寄生于羊和多种家畜引起的一种寄生虫病。

【病原】细颈囊尾蚴俗称水铃铛，呈囊泡状，大小不一，豌豆大至鸡蛋大或更大，内含透明液体，囊壁内面附有一个乳白色且具有细长颈部的头节。其成虫——泡状带绦虫呈扁带状，由250 ~ 300个节片组成，寄生于犬、狼、狐狸等肉食兽的小肠。

【典型症状与病变】成年羊除个别感染特别严重的可呈现消瘦、虚弱、黄疸症状外，一般均无明显的临诊症状。而羔羊常有较明显的症状（如虚弱、消瘦、黄疸）；有的病羔发生急性腹膜炎时，体温升高、精神沉郁、有较多腹水，约2周后可转变成慢性。病变主要见于肝脏和腹腔浆膜。在急性病例，肝脏肿大，质地稍软，被膜粗糙，被覆多量灰白色纤维素性渗出物，并可见散在的出血点。在肝被膜下和肝实质里，可见直径1 ~ 2毫米的弯曲索状病灶，初呈暗红色，以后转为黄褐色。在网膜、肠系膜和胃肠浆膜等腹腔浆膜上可见带蒂的成熟囊尾蚴囊泡。严重时，一只羊可见几十甚至上百个囊泡，成串地悬挂在腹腔浆膜上，并可见局限性腹膜炎。

【诊断要点】本病生前诊断困难，只有在尸体剖检或宰后检验时才可做出确诊。

【防治措施】目前尚无有效治疗方法。预防要加强饲养管理，保持牧场清洁干燥，注意饮水卫生，粪便堆集发酵。由于狗、狼、狐狸等肉食动物，尤其狗是细颈囊尾蚴的终末宿主，因此，禁止用带有细颈囊尾蚴的羊内脏喂狗，并对狗定期进行驱虫，可有效防止该病的发生。犬的驱虫药如吡喹酮，每千克体重10 ~ 30毫克，每天服一次，连服5天。

【诊疗注意事项】用药物驱除狗绦虫时，为使药物全部进入体内，可将其放入狗喜吃的食物中。

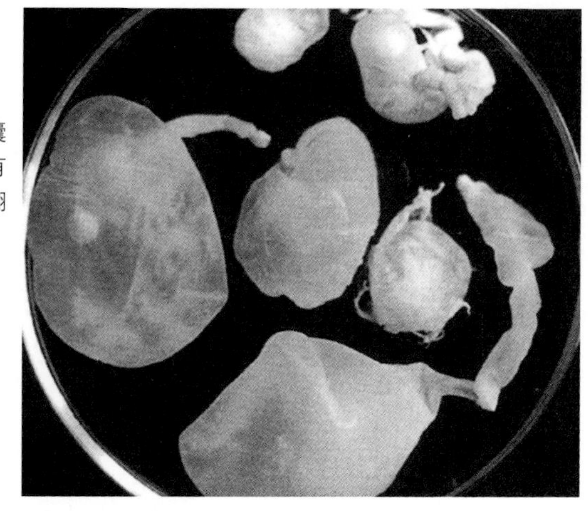

细颈囊尾蚴病

有几个大小不等的离体细颈囊尾蚴囊泡，注意每个囊泡中均有一个白色头节，有的头节已被翻出。(陈怀涛)

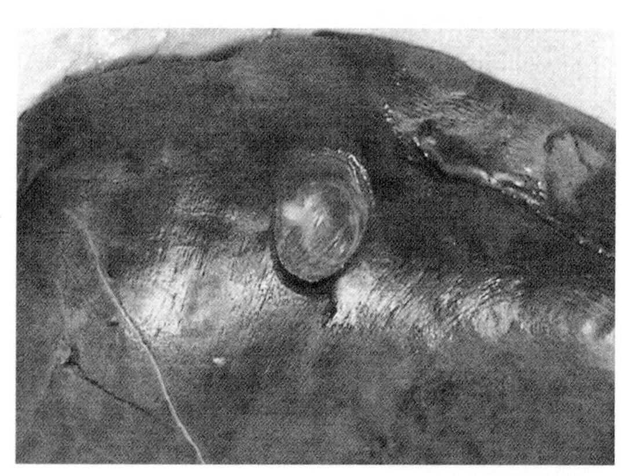

细颈囊尾蚴病

肝浆膜面有一个细颈囊尾蚴寄生，囊泡中有一明显的灰白色头节；局部肝组织受压下凹。(李晓明)

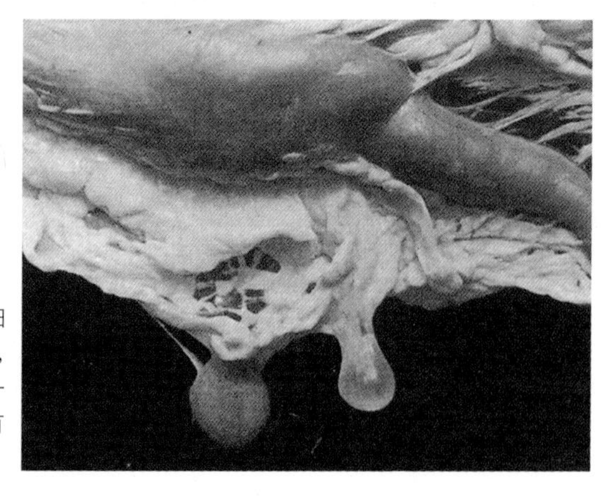

细颈囊尾蚴病

悬挂在羊网膜上的两个泡状细颈囊尾蚴，左侧一个幼虫已死亡，囊泡中的液体变得混浊，右侧一个为活细颈囊尾蚴，囊泡中含有淡黄色清亮的液体。(陈怀涛)

绦虫病

羊绦虫病是由莫尼茨绦虫、曲子宫绦虫与无卵黄腺绦虫寄生于小肠所引起的一种寄生虫病，其中莫尼茨绦虫危害最严重，特别是对幼畜。

【病原】莫尼茨绦虫包括贝氏莫尼茨绦虫和扩展莫尼茨绦虫。二者外形相似。虫体大，色乳白，呈带状，全长可达5～6米，最宽处为16～26毫米。头节有四个吸盘。虫卵内有一个被梨形器包围的六钩蚴。

【典型症状与病变】病羊一般表现食欲减退，贫血，腹泻，消瘦，水肿等。精神沉郁，喜卧，体力不足。粪中可见到虫体节片或虫体长链。有时病羊有转圈、头后仰等神经症状。也可因寄生虫性肠阻塞而出现腹痛、腹胀症状，甚至发生肠破裂而导致死亡。剖检可见小肠中有多少不等的绦虫，肠黏膜呈卡他性炎症。腹腔积液，有时可见阻塞、肠套叠或肠破裂变化。

【诊断要点】病羊粪球表面可查到黄白色、圆柱状、能活动的孕卵节片；用饱和盐水浮集法，可发现粪便中的虫卵。虫体未成熟之前粪便中无虫卵和孕节，此时可用药物进行诊断性驱虫，观察是否有绦虫被驱出。动物死后进行尸体剖检，以查出肠内的绦虫。

【防治措施】避免在潮湿牧地放牧，选择清洁干燥的牧场放牧。用放牧与耕作交替等方法可大大减少中间宿主地螨的数量。成虫期前进行驱虫。羔羊放牧后30～50天驱虫一次，经10～15天再驱虫一次。常用驱虫药有：

（1）丙硫咪唑　每千克体重5～15毫克，一次口服。

（2）硫双二氯酚　每千克体重100毫克，一次口服。

（3）氯硝柳胺（灭绦灵）　每千克体重60～70毫克，配成10%溶液灌服。

（4）吡喹酮　每千克体重10～35毫克，一次口服。

【诊疗注意事项】农牧耕作、牛、羊与马类动物轮牧、驱虫等防制措施都应该得到重视。

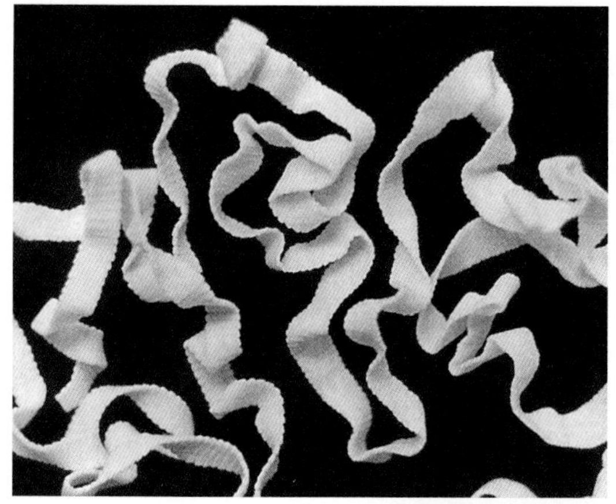

绦虫病

扩展莫尼茨绦虫的大体形态：绦虫链体长1 ~ 5米，最宽处16毫米，头节很小，近似球形，其上有4个卵圆形吸盘。（甘肃农业大学家畜寄生虫室）

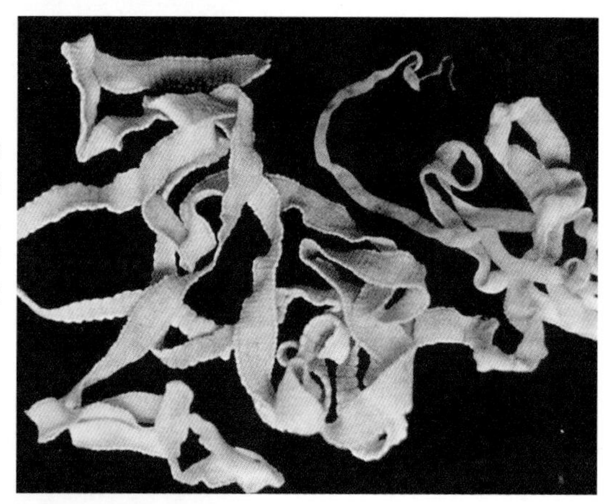

绦虫病

曲子宫绦虫的大体形态：盖氏曲子宫绦虫的大体形态：绦虫链体长可达2米，最宽处12毫米，节片长度比莫尼茨绦虫短，头节也小，直径约1毫米。（甘肃农业大学家畜寄生虫室）

绦虫病

无卵黄腺绦虫的大体形态：从一头屠宰绵羊肠道内取出的无卵黄腺绦虫，较窄、薄，长度可达2 ~ 3米或更长，但宽度仅2 ~ 3毫米，节片极短，分节不明显，除链体后部外，肉眼几乎无法辨认其分节。（陈怀涛）

肺线虫病

肺线虫病也称肺虫病，是由一些不同科属的肺线虫引起羊慢性肺炎的总称。这些线虫主要为网尾科的网尾属和原圆科的缪勒属及原圆属的线虫。

【病原】网尾科的线虫较大，称大型肺线虫；原圆科的线虫较小，称小型肺线虫。大型肺线虫在羊体寄生的为丝状网尾线虫，呈白线状，雄虫长30 ~ 80毫米，雌虫长50 ~ 100毫米。成虫寄生于宿主的支气管，雌虫在此产出含虫的虫卵，经咽入胃肠道而排出，幼虫被食入后经血液循环到肺脏，钻入肺泡，再移行到支气管发育为成虫。小型肺线虫，以缪勒属和原圆属线虫危害较大。虫体纤细，长11 ~ 40毫米，寄生于细支气管和肺泡。幼虫排出后需钻入中间宿主陆螺或淡水螺体内发育为感染性幼虫。

【典型症状与病变】成年羊比幼羊感染率高。感染较轻者临诊症状不明显，严重时有干咳、喘气、呼吸困难，运动时和夜间干咳明显。大型肺线虫严重感染时，还可见流鼻液、打喷嚏等症状。病羊逐渐消瘦、贫血，头颈与胸下及四肢水肿。后期，病羊可因衰竭、窒息而死亡。病变主要为肺线虫性肺炎。支气管、细支气管中有多少不等的大型或小型肺线虫和黏液。肺膈叶背缘或两侧缘可见数个肺线虫性结节，呈块状，色灰白，质地实在。支气管和肺泡中有许多肺线虫成虫、幼虫和虫卵，病变局部结缔组织增生，淋巴细胞浸润。

【诊断要点】根据症状和流行特点可怀疑本病。生前可检查新鲜粪便和鼻液中的虫卵和幼虫。丝状网尾线虫的幼虫长0.55 ~ 0.58毫米，头端较圆，有一扣状结节，尾端细钝。小型肺线虫的幼虫长0.3 ~ 0.4毫米，头端无扣状结节，尾端有一小刺，或分节，或呈波浪形。死后剖检可依病变和线虫特征做出确诊。

【防治措施】加强饲养管理，保持牧场清洁干燥和饮水卫生，粪便堆集发酵。实行轮牧，羔羊与成羊分群放牧，避免在低湿沼泽地放牧。本病流行的牧场，每年对羊群驱虫1 ~ 2次。对病羊应及时治疗。治疗可选用以下药物：

（1）左咪唑　每千克体重7.5 ~ 12毫克，口服。

（2）丙硫咪唑　每千克体重5毫克，口服。

（3）伊维菌素或阿维菌素　每千克体重0.2毫克，口服或皮下注射。

（4）对小型肺线虫，可选用盐酸吐根素治疗，每千克体重2～3毫克，配成1%～2%溶液，皮下注射，间隔2～3天一次，2～3次为一个疗程。

【诊疗注意事项】本病的肺炎和梅迪-维斯纳病及绵羊肺腺瘤病的肺病变有一定相似，注意鉴别，但本病的肺炎严重时常可在肺切面挤出肺线虫。冬季应适当补饲，同时隔日在饲料中加入硫化二苯胺，成年羊1克，羔羊0.5克，让羊自由采食，可减少肺线虫的感染。

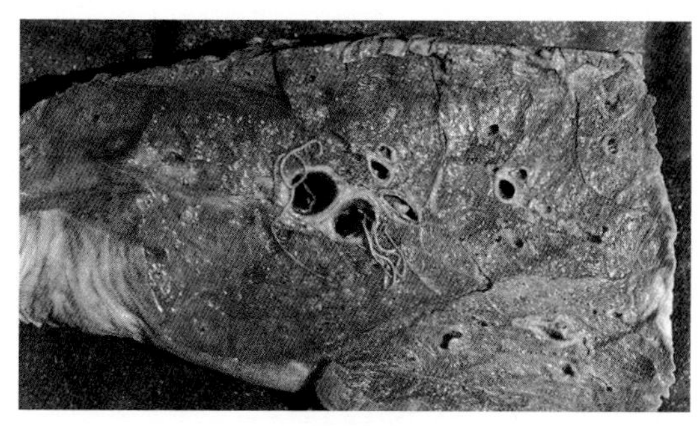

肺线虫病

支气管内充塞大量丝状网尾线虫和黏液，呈支气管肺炎变化，支气管壁增厚。(陈怀涛)

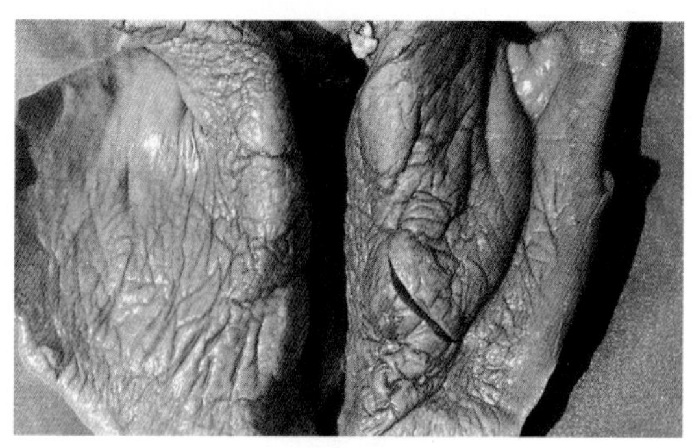

肺线虫病

病绵羊肺膈叶背缘有几个椭圆形团块状肉变区，右肺的一个已被切开，肉变区质地实在，微突出于肺表面。(陈怀涛)

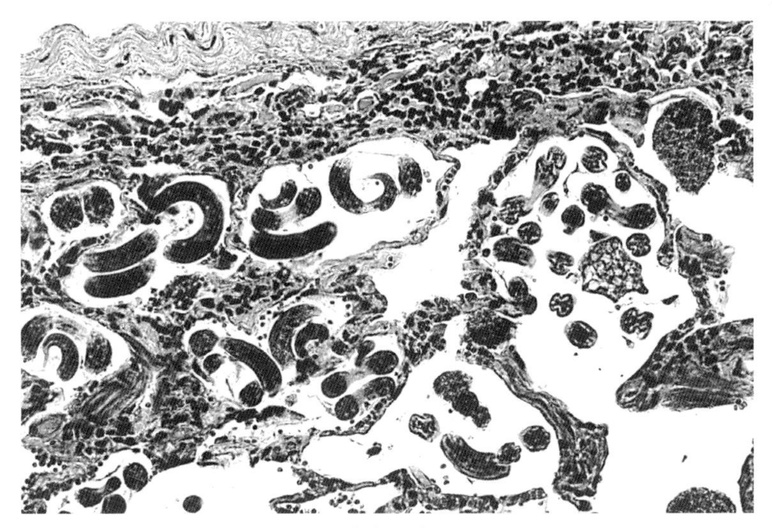

肺线虫病

肺泡中有大量肺线虫寄生，肺胸膜和肺泡隔结缔组织增生，淋巴细胞浸润。（陈怀涛）

消化道线虫病

羊消化道线虫病是由多种线虫寄生于羊消化道而引起的以下痢、血便、持续性消瘦和生产能力下降为主要特征的寄生虫病，严重时导致羊只死亡。

【病原】消化道的线虫种类很多。寄生于皱胃的线虫有捻转血矛线虫、奥斯特线虫、马歇尔线虫、细颈线虫与古柏线虫；寄生于小肠的线虫有毛圆线虫、细颈线虫、古柏线虫、仰口线虫和捻转血矛线虫；寄生于大肠的线虫有食道口线虫、夏伯特线虫与毛尾线虫（盲肠）。

捻转血矛线虫是皱胃中寄生的大型线虫，雄虫长15 ~ 19毫米，雌虫长27 ~ 30毫米。由于红色的消化管和白色的生殖管相互缠结，使虫体红白相间，故俗称麻花虫。奥斯特线虫长4 ~ 14毫米，棕色，称棕色胃虫。马歇尔线虫和棕色胃虫相似，但虫体较大。毛圆线虫较短小，长5 ~ 6毫米，淡红色或褐色。古柏线虫的大小与毛圆线虫相似，呈红色或淡黄色。细颈线虫的大小在小肠线虫中居中，虫体特征是前部细，后部较粗。仰口线虫也称钩虫，较粗大，前端向背面弯曲。食道口线虫较大，乳白色，头端尖细，其幼虫在发育过程中钻入肠壁形成结节，也称结节虫。夏伯特线虫即阔口线虫，大小和食道口线虫近似。毛尾线虫形似鞭子，故也称鞭虫，虫体较大，色乳白，前部细长，约占虫体长度的2/3，此为食道部；后部粗大，为其体部，雄虫后端卷曲，雌虫则直而钝圆。

【典型症状与病变】临诊上病羊表现消化功能障碍、食欲减退、腹泻、消瘦、贫血、生长缓慢、结膜苍白，有时下颌间隙和下腹部水肿。如有继发感染则出现体温、脉搏、呼吸等症状。严重病例机体可因衰竭而死亡。剖检可见皱胃、小肠或大肠有多少不等的线虫。成虫引起黏膜卡他性、出血性或坏死性炎症；幼虫可在肠壁引起灰黄色结节状病变。结节破溃可在黏膜上形成溃疡或引起腹膜炎并发生腹腔脏器粘连。

【诊断要点】根据症状可怀疑本病。用饱和盐水浮集法或直接涂片法检查粪便中的虫卵，只要发现大量虫卵就可确诊。死后剖检发现消化道中的线虫也可确诊。

【防治措施】预防要建立清洁的饮水点，粪便应堆积发酵；加强饲养管理，不在低湿地放牧。有计划地进行分区轮牧。在流行区，每年进行放牧前和放牧后的全群驱虫。治疗可选用以下方法：

（1）丙硫咪唑　每千克体重5 ~ 20毫克，口服。

（2）左咪唑　每千克体重5 ~ 10毫克，混入饲料喂给，也可作皮下或肌内注射。

（3）甲苯咪唑　每千克体重15 ~ 30毫克，口服。

（4）伊维菌素或阿维菌素　每千克体重0.2毫克，一次口服或皮下注射。

【诊疗注意事项】羊的消化道常有多种线虫寄生，生前对某一种线虫病的诊断有很大困难，粪便大量虫卵的检查和宰后剖检发现成虫是可靠的诊断方法。粪便检查时，羔羊每克粪便中含虫卵1 000个以上，就应进行驱虫。

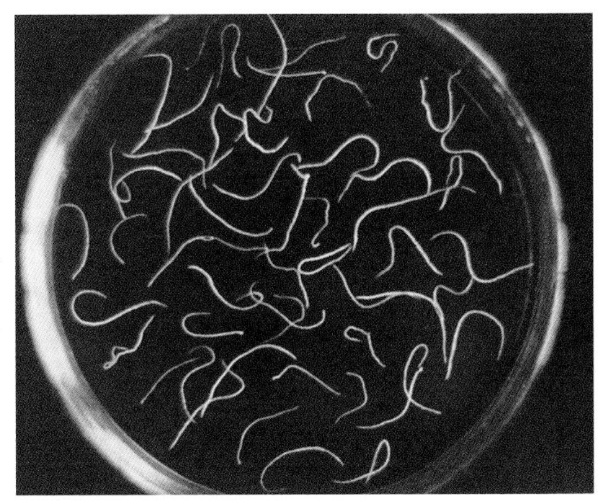

消化道线虫病

捻转血矛线虫呈毛发状，因吸血而呈淡红色，雄虫长15.0 ~ 19.0毫米，雌虫长27.0 ~ 30.0毫米，因白色的生殖器官环绕于含血的红色肠道周围，故形成红白线条相间的外观。（陈怀涛）

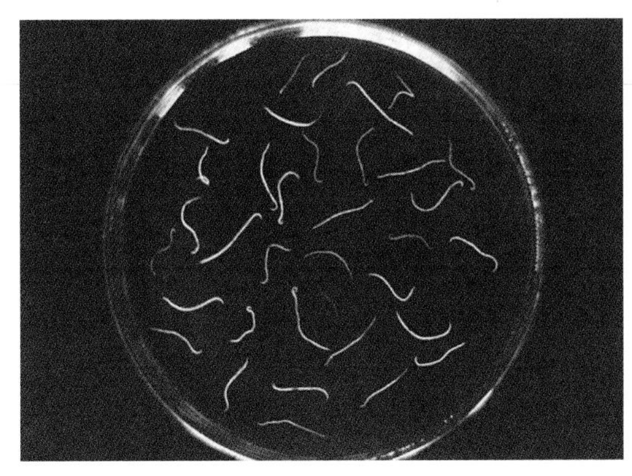

消化道线虫病

甘肃食道口线虫前部弯曲，雄虫长14.5 ~ 16.5毫米，雌虫长18.0 ~ 22.0毫米。（陈怀涛）

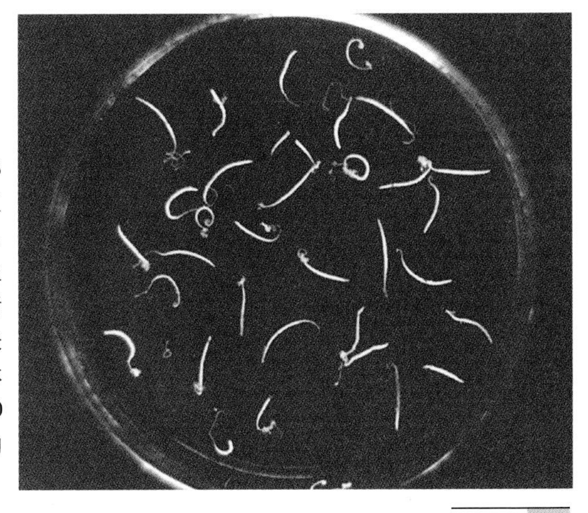

消化道线虫病

毛尾属线虫虫体色乳白，前部呈毛发状，整个外形似鞭（故又称鞭虫），细长的前部内为食道，后部粗短，为体部，内有肠和生殖器官；雄虫后部弯曲，雌虫后端钝圆；绵羊毛尾线虫的雄虫长50.0 ~ 80.0毫米，食道部占虫体全长的3/4；雌虫长35.0 ~ 70.0毫米，食道部占虫体全长的2/3 ~ 4/5。（陈怀涛）

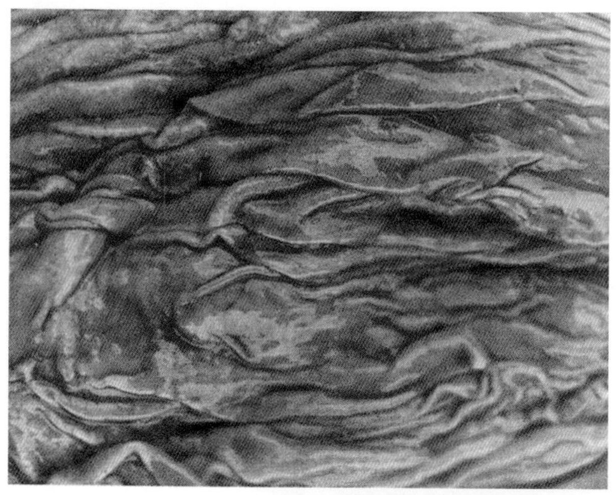

消化道线虫病

出血性皱胃炎：捻转血矛线虫所致的出血性皱胃炎：黏膜潮红，附以淡红色黏液。(李晓明)

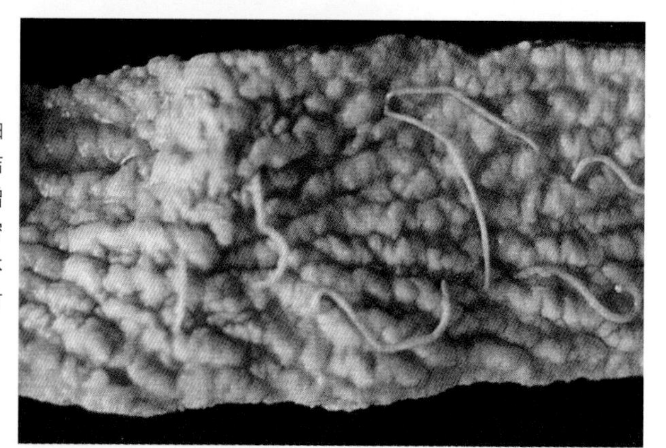

消化道线虫病

增生性结肠炎：夏伯特线虫所致的增生性结肠炎，肠黏膜因组织增生而增厚，其表面呈密集的结节状，有些虫体尚吸附于黏膜上。(甘肃农业大学家畜寄生虫室)

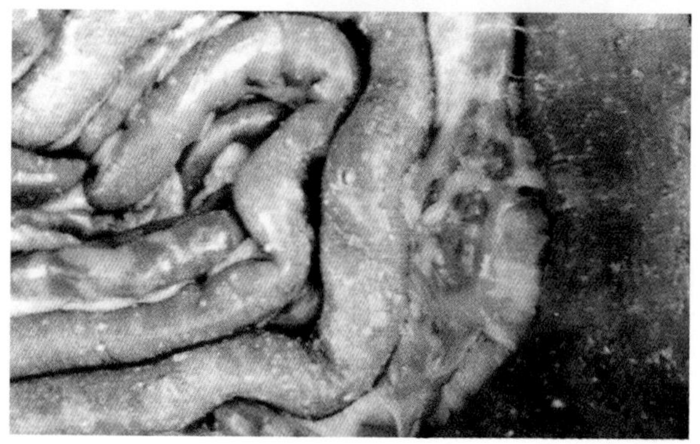

消化道线虫病

结节性结肠炎：绵羊食道口线虫的幼虫在结肠肠壁引起的密布性结节。(张旭静)

球 虫 病

羊球虫病是由多种艾美耳球虫寄生于绵羊或山羊肠道上皮细胞所致的一种寄生虫病，对羔羊危害严重。

【病原】寄生于绵羊或山羊的球虫种类很多。绵羊有14种，以阿氏艾美耳球虫的致病力最强；山羊有15种，其中柯氏艾美耳球虫和艾丽艾美耳球虫致病力较强。这些球虫的卵囊呈近圆形、卵圆形，其孢子化卵囊内有4个孢子囊，每个孢子囊内有2个孢子。

【典型症状与病变】由于球虫感染强度、球虫种类、羊只年龄和机体抵抗力等的不同，临诊上可表现急性和慢性经过，急性多见于1岁以下的羔羊，病羊精神不振，食欲减退，被毛粗乱，下痢，粪便中有大量卵囊且恶臭，机体消瘦，贫血，发育不良，严重者可导致死亡。病羊体温有时升至40 ~ 41℃。小肠病变明显，肠黏膜上有淡黄色、卵圆形结节，成簇分布。十二指肠和回肠有卡他性炎及点状或带状出血。

【诊断要点】根据流行病学特点、临诊症状和病理改变可做出初步诊断。用饱和盐水漂浮法进行粪便检查发现大量球虫卵囊，或刮取肠黏膜制成涂片，显微镜下检查有大量球虫卵囊即可确诊。

【防治措施】应采取隔离、消毒和治疗等综合措施。成年羊与羔羊应分群饲养。搞好环境卫生，保持牧场清洁干燥，注意饮水卫生，对粪便进行无害化处理。定期用3% ~ 5%的热碱水消毒。发现病羊，立即更换场地，隔离治疗病羊，可采用以下治疗方法：

（1）氨丙啉（安宝乐） 每千克体重50毫克，口服，1天1次，连用21天，或按0.02%比例混在饲料中，连喂1 ~ 2月。

（2）三字球虫粉（磺胺氯吡嗪） 用10%水溶液口服，10千克体重12毫升，连服3 ~ 5天。

【诊疗注意事项】诊断时注意与腹泻症状的一些疾病鉴别，必要时可进行病理组织学检查。

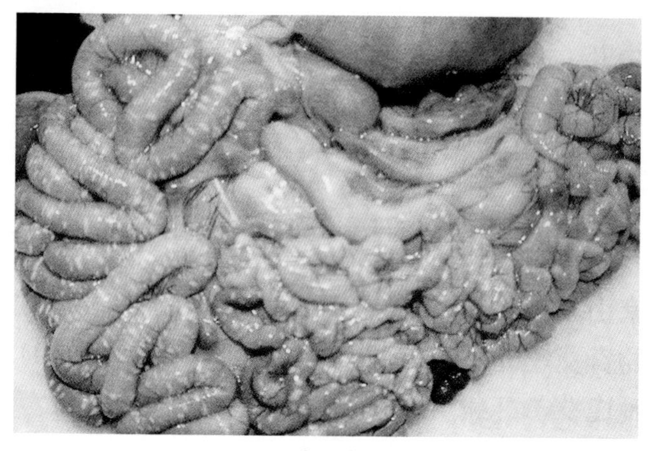

球虫病

山羊小肠壁可见大量黄白色椭圆形球虫斑点。(许益民)

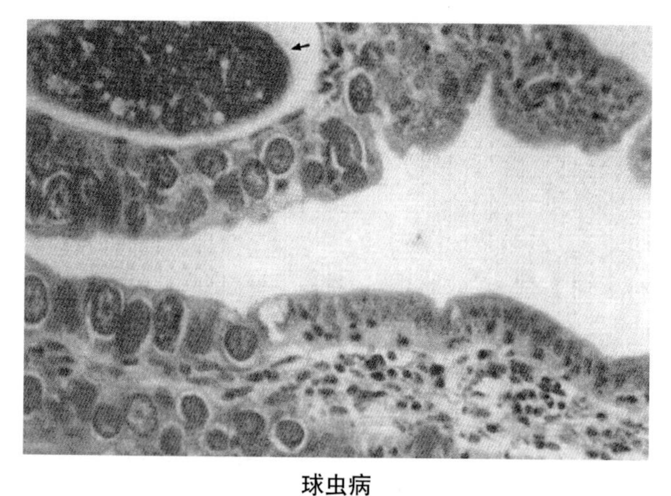

球虫病

山羊小肠绒毛的中央乳糜管内有大裂殖体（↑），上皮细胞内有大量发育阶段不同的虫体。 HE×200（许益民）

泰 勒 虫 病

羊泰勒虫病是由泰勒虫引起绵羊和山羊的一种蜱传染性血液原虫病。

【病原】羊泰勒虫有两种：山羊泰勒虫和绵羊泰勒虫，两者形态相似，均能感染山羊和绵羊。虫体形态多样，主要有圆环形、椭圆形、杆状、逗点形、圆点形等。一个红细胞内一般含有一个虫体，有时可见2～3个。山羊泰勒虫的致病性较强，致死率高，红细胞染虫率也高，在脾脏、淋巴结涂片的淋巴细胞内可见明显的柯赫氏蓝体（石榴体）。我国羊泰勒虫病的病原为山羊泰勒虫。

【典型症状】本病常发于4～6月。羔羊发病率与死亡率高，本病可分急性、亚急性和慢性，其中以急性较常见。病羊高热稽留，40～42℃，稽留3～10天，有的达13天以上。随体温的升高出现流鼻液，呼吸、心跳加快，精神沉郁，食欲减退，体表淋巴结肿大，有痛感。随后出现贫血，轻度黄疸。肢体僵硬，行走困难，最终机体衰竭死亡。尸体消瘦，血液稀薄，皮下脂肪呈胶冻样，有点状出血。全身淋巴结，尤以颈浅、颌下、肠系膜、肝、肺等处淋巴结肿大明显，切面多汁、出血，甚至可见灰白色结节。肝、脾肿大。肾呈黄褐色。在淋巴结、脾、肝、肾可发现灰白色或灰黄色粟粒大小的增生性或坏死性结节，组织上可见网状内皮细胞明显增生，网状内皮细胞中可见柯赫氏蓝体。

【诊断要点】根据症状、流行病学和病变特点可怀疑本病，确诊需在血片和淋巴结或脾脏涂片上发现虫体。

【防治措施】本病预防要做好灭蜱工作。在本病流行区，于每年发病季节到来之前，对羊群采用咪唑苯脲或贝尼尔（血虫净）进行预防注射。如采用贝尼尔（血虫净）预防注射时，按每千克体重3毫克，配制成7%水溶液，深部肌内注射，每20天一次。治疗可采用以下方法：

（1）贝尼尔（血虫净） 按每千克体重3～5毫克，配制成7%水溶液，作分点深部肌内注射，每天一次，3天为一个疗程。

（2）咪唑苯脲 按每千克体重1.5～5毫克配成5%～10%水溶液，皮下或肌内注射。

【诊疗注意事项】临诊上如仅依病畜出现的一些症状，而不进行血细胞检查或病理检查时，很易做出错误诊断或判断，应引起注意。

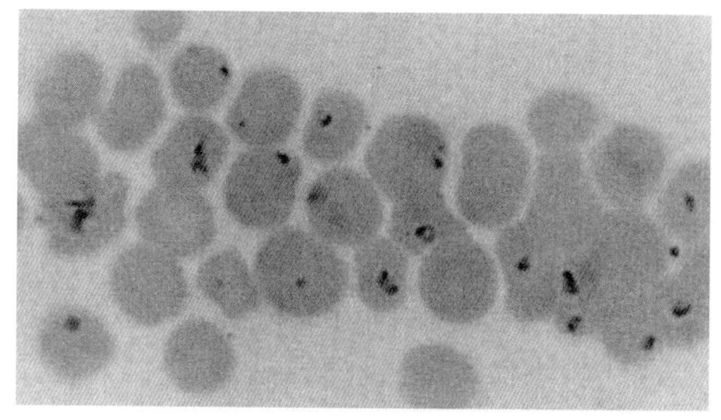

泰勒虫病

红细胞内寄生的羊泰勒虫：形态多样，圆形、卵圆形占80%，圆形者直径为0.6～2.0微米，一个红细胞内一般含一个虫体，偶见2～3个。Giemsa×1 000（白启）

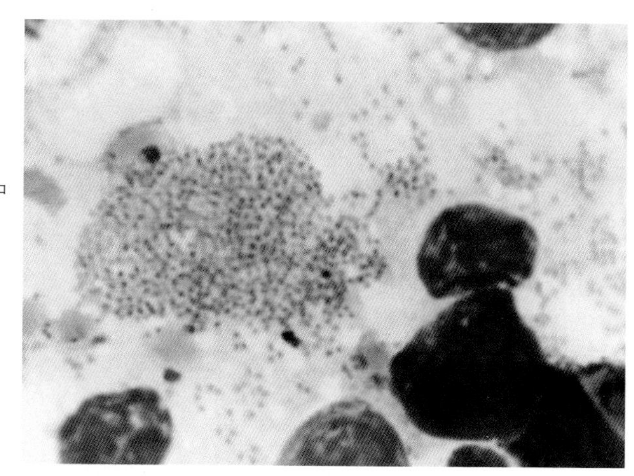

泰勒虫病

淋巴结涂片中可见大量裂殖子。Giemsa×1 000（白启）

泰勒虫病

实验羊脾的组织变化：网状细胞增生和坏死灶形成。HE×400(陈怀涛)

肉孢子虫病

肉孢子虫病是由肉孢子虫寄生于肌肉而引起的一种人兽共患的寄生虫病。通常无明显临诊症状或仅有轻微症状。

【病原】羊肉孢子虫寄生于羊的肌肉内，形成与肌纤维平行的包囊（亦称米氏囊），多呈纺锤形、圆柱形，色灰白至乳白。

【典型症状与病变】一般无明显临诊症状。严重感染时，可出现消瘦、食欲减退、虚弱、贫血等。孕羊可出现高热、共济失调、流产等。绵羊偶尔发生呼吸困难，甚至死亡。剖检检查，在心肌、舌肌、咬肌、膈肌、食管等部位可见呈囊状的肉孢子虫，如虫体死亡、钙化，则呈灰白色斑点状硬结或不明显的斑纹。组织上，肉孢子虫多寄生于肌肉纤维中，包囊一般完整，周围肌纤维受压萎缩。如果包囊破裂，虫体死亡，则可引起周围的炎症反应、结缔组织增生和肌纤维变性坏死。

【诊断要点】生前难以确诊，间接血凝试验和ELISA试验等免疫学方法，是较好的诊断方法，但还需要进一步成熟。死后可采用病理诊断。

【防治措施】预防主要是加强饲养管理，保持牧场清洁干燥，注意饮水卫生，粪便堆集发酵，将寄生有肉孢子虫的肌肉、脏器和组织烧毁，不给犬等肉食动物饲喂。目前尚无特效治疗药物，氨丙啉、氯苯胍等抗球虫药物有一定的治疗作用。

【诊疗注意事项】由于本病的症状不特异，故生前诊断和与其他疾病的鉴别很困难。

肉孢子虫病

绵羊膈肌中可见纺锤形灰白色肉孢子虫包囊即孢子囊（米氏管，Miescher’s tube）寄生。（陈怀涛）

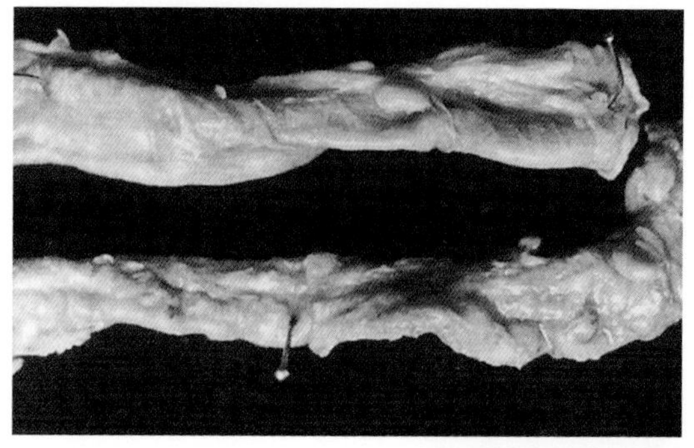

肉孢子虫病

绵羊食管外膜上寄生的卵圆形肉孢子虫包囊。(陈怀涛)

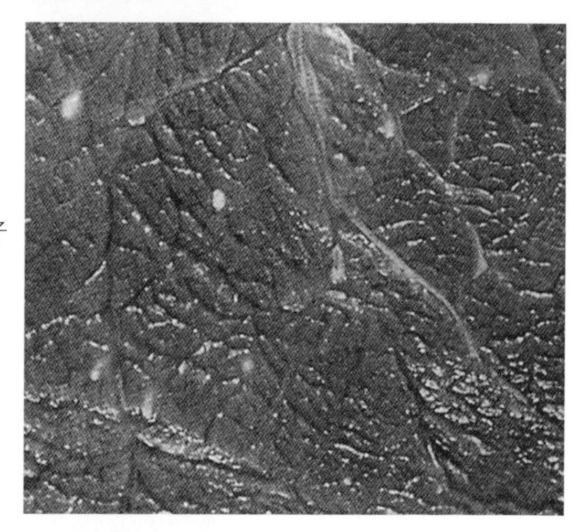

肉孢子虫病

骨骼肌中寄生的灰白色肉孢子虫。(张旭静)

肉孢子虫病

寄生于绵羊心脏浦金野氏纤维中的肉孢子虫包囊。HE×400(陈怀涛)

螨　　病

螨病是由螨虫寄生于牛、羊皮肤而引起的一种慢性寄生虫性皮肤病。羊螨病又称羊疥癣病，以剧痒、湿疹性皮炎、脱毛、患部逐渐向周围扩展和具有高度传染性为特征。

【病原】螨虫包括疥螨属和痒螨属的各种螨。①疥螨：虫体很小，长0.2 ～ 0.5毫米，肉眼难以看到。虫体前端有口器。虫体前部和后部各有两对短粗、呈圆锥形的腿，末端具有吸盘。成虫在皮肤角质层下寄生，以表皮细胞液及淋巴液为营养。②痒螨：体长0.5 ～ 0.8毫米，肉眼可见，呈椭圆形，口器长而尖，腿细长，末端有吸盘。成虫寄生在皮肤表面，吸食淋巴液。

【典型症状与病变】螨病多发于冬季及其前后，厩舍潮湿和卫生状况不良更易发生。绵羊疥螨病的发病部位主要在头部，包括嘴唇四周、眼圈、鼻梁与鼻孔边缘和耳根；山羊疥螨病的发病部位主要在嘴唇四周、眼圈、鼻梁和耳根部，可进一步蔓延至腋下、腹下和四肢曲面少毛部位。病变部皮肤初期发红增厚，继而出现丘疹、水疱，如继发细菌感染还可形成脓疱。后期病变部形成白色坚硬的胶皮样痂皮，局部龟裂、起皱。病羊表现食欲减退、烦躁不安、日渐消瘦。

绵羊痒螨病的病变主要位于毛密而长的部位，如背部、臀部，然后波及全身。山羊痒螨病常见于耳壳内面与耳根等部，在耳内形成黄白色痂皮，堵塞耳道，故病羊常摇头。也可蔓延到全身。患部被毛成束，甚至大片脱毛或全身被毛脱光。患部湿润，形成浅黄色痂皮。病羊表现奇痒，啃咬和摩擦患部，烦躁不安，食欲明显减退，消瘦，最终可衰竭死亡。

【诊断要点】根据流行病学、症状、病变和虫体检查可以确诊。虫体检查时，以皮肤患部与健部交界处刮取皮屑置载玻片上，滴加50%甘油水溶液，镜下检查有无虫体。

【防治措施】预防要避免将羊只密集于阴暗、潮湿的圈舍内。圈舍要宽敞、干燥、通风、透光并要定期消毒。引入羊只时应事先了解有无螨病存在。经常注意羊群中有无脱毛、发痒等现象，及时发现，及时处置。夏季绵羊剪毛后应进行药浴。治疗可采用以下方法：

（1）涂药方法　适用于病羊数量少、患部面积小和寒冷季节。患部剪毛去痂，洗净，用5%敌百虫溶液涂擦患部。

（2）药浴疗法　适用于患本病羊群的治疗和预防。一般在温暖季节，山羊抓绒和绵羊剪毛后5 ～ 7天进行。可用0.15%杀虫脒或0.05%辛硫磷乳剂水溶液等进行药浴。药液温度应保持在36 ～ 38℃。药浴时间为1分钟左右。一次药浴不彻底可经7 ～ 8天后进行第二次药浴。

（3）注射治疗　常用阿维菌素，按每千克体重0.2 毫克，一次皮下注射。

【诊疗注意事项】需注意与秃毛癣、湿疹、虱性皮炎鉴别，药物治疗时注意安全，勿使动物中毒。

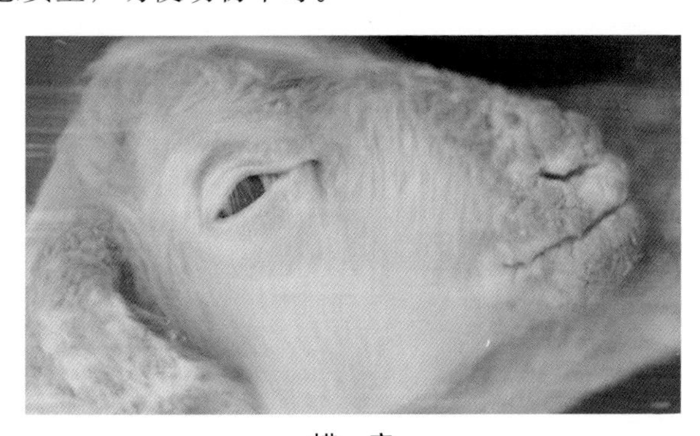

螨　病

绵羊头部的疥螨病变：鼻、唇和耳根部皮肤粗糙、增厚、发红。（陈怀涛）

螨　病

绵羊背部的痒螨病变：皮肤上形成潮湿的厚痂，病部脱毛。（陈怀涛）

羊狂蝇蛆病

羊狂蝇蛆病又称羊鼻蝇蛆病，是由羊狂蝇的幼虫寄生于羊鼻腔或其附近的腔窦引起的疾病。主要引起慢性鼻炎和鼻窦炎。

【病原】为羊狂蝇的幼虫。其成虫体长10 ~ 12毫米，淡灰色，形似蜜蜂。第一期幼虫长1毫米，色淡白，体表丛生小刺，第二期幼虫长20 ~ 25毫米，椭圆形，体表刺不明显；第三期幼虫（成熟幼虫）长28 ~ 30毫米，色棕黑，背面隆起，腹面扁平，无刺。

【典型症状】成虫侵袭羊群，在鼻孔内或鼻孔周围产幼虫时，羊群骚动不安，频频摇头、打喷嚏，将鼻孔抵于地面，或将头掩藏于其他羊的腹下或腿间，幼虫在鼻腔移动或附着，可机械刺激和损伤黏膜，引起发炎、出血、肿胀，可见病羊流浆液性、黏脓性鼻液，打喷嚏，摇头，甩鼻子，磨牙，磨鼻，流泪，食欲减退，消瘦。数月后症状逐渐减轻，但发育为第三期幼虫时，幼虫变大变硬并移向鼻孔，症状又有所加剧。少数第一期幼虫可进入鼻窦，长大后不能返回鼻腔，引起鼻窦炎，甚至损伤脑膜，引起神经症状。

【诊断要点】①症状多见于成蝇产生幼虫的7 ~ 9月及第三期幼虫向鼻孔移行的春季；②病羊有明显的不安、摇头、磨鼻等症状；③剖检在鼻腔可发现狂蝇蛆；④可将药液喷入鼻腔，收集鼻腔喷出物，发现死亡幼虫。

【防治措施】预防要加强饲养管理，保持牧场清洁干燥。本病流行区要重点消灭幼虫，每年夏季定期用1%敌百虫喷擦羊鼻孔。治疗可采用以下方法：

（1）伊维菌素或阿维菌素　每千克体重0.2毫克，配成1%溶液皮下注射。

（2）氯氰柳胺　每千克体重5毫克，口服；或每千克体重2.5毫克，皮下注射。

【诊疗注意事项】病羊不安、流涕等是本病的重要症状，但不能仅以此做出确诊，一定要查明鼻腔寄生的狂蝇蛆或成蝇在羊鼻孔产幼虫的情况。

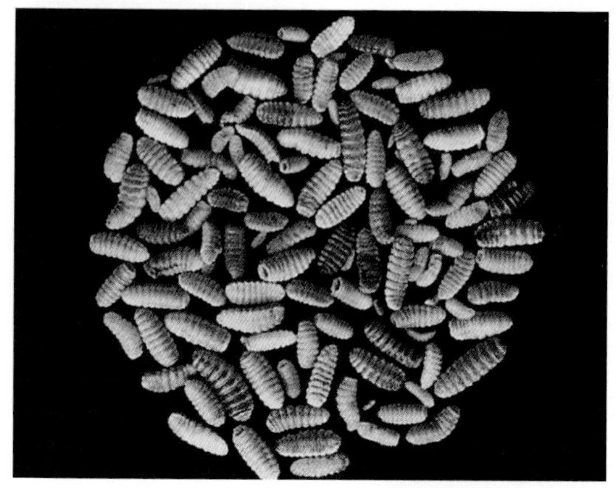

羊狂蝇蛆病

羊狂蝇蛆各期幼虫的大体形态：第一期幼虫色淡黄白，长约1.0毫米；第二期幼虫形椭圆，长20.0～25.0毫米；第三期幼虫（成熟幼虫）色棕褐，长约30.0毫米。(陈怀涛)

羊狂蝇蛆病

病羊不安，流出黏脓性鼻液。(陈怀涛)

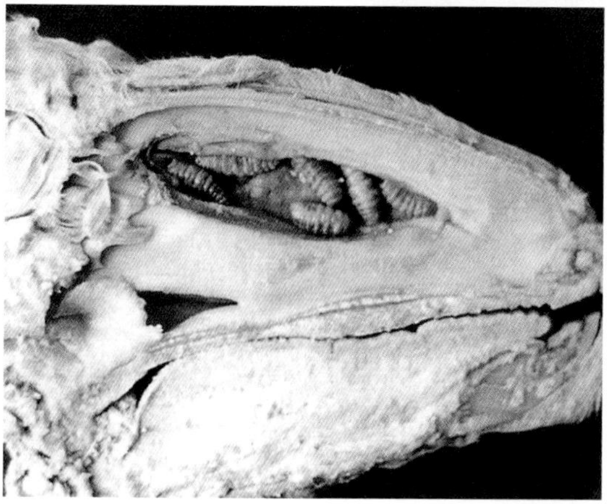

羊狂蝇蛆病

鼻腔有狂蝇蛆寄生，鼻黏膜潮红，有小溃疡，附有黏脓性分泌物。(陈怀涛)

第三部分　普通病及肿瘤病

铜缺乏症

铜缺乏症是由于羊体铜摄入量不足而引起的一种营养代谢性疾病。其临诊特征为贫血、腹泻与运动功能障碍等。

【病因】铜缺乏症主要由于当地土壤中铜含量不足或缺乏而引起。一般认为饲料中铜含量低于3毫克/千克，便可导致发病。如饲料中钼含量过高，达到3～10毫克/千克，则可妨碍铜的吸收而引起铜缺乏症。此外，饲料中锌、镉、铁、铅、硫酸盐等含量过多也可导致铜缺乏症的发生。

【典型症状与病变】病羊表现贫血、红细胞减少。由于运动功能发生障碍，走路有摇摆症状，故本病也称摆腰病或地方性共济失调，严重时后肢麻痹，呈犬坐姿势或卧地不起。骨与关节发生变形，被毛褪色，毛质下降。心脏功能障碍，易突发心力衰竭而死亡。绵羊毛弯曲度下降，黑色毛变为灰白色。羔羊还出现消化不良、消瘦、腹泻等症状。尸体明显贫血和消瘦，肝、脾、肾等组织出现广泛性含铁血黄素沉着。脑与脊髓白质呈灶状溶解破坏并出现空洞，大脑发生水肿。

【诊断要点】根据病史及症状可以怀疑本病。血液中铜含量的测定，有助于确诊。病理组织学检查在诊断上有重要意义。

【防治措施】本病应以预防为主，对于缺铜地区应施以含铜的肥料，或对动物补以含铜饲料；可在日粮中添加硫酸铜，最低添加量为5毫克/千克。经口投服含硒、铜、钴等微量元素的长效缓释丸，在瘤胃和网胃中缓慢释放也可有效预防本病。对于发病动物，可用甘氨酸铜注射液45毫克皮下注射，或内服0.5 ～ 1克硫酸铜，每周一次，连用3 ～ 5周。如上述铜与钴制剂合并应用，效果更好。

【诊疗注意事项】注意与其他营养不良或运动系统疾病鉴别。

铜缺乏症

病羊后肢麻痹，起立困难。（刘宗平）

白　肌　病

白肌病是羔羊和犊牛较常见的一种地方性营养代谢性疾病，主要是由于饲草和饲料长期缺乏微量元素硒与维生素E引起，病羔主要表现运动失调和循环衰竭，病理特征为骨骼肌与心肌组织变性、坏死。

【病因】主要病因是饲草和饲料中微量元素硒和维生素E缺乏或不足。在流行区，土壤硒含量低于正常，其生长的饲草硒含量偏低，而存在于青饲料中的维生素E又极不稳定易被氧化，如饲料加工或储藏不当可导致维生素E破坏，其含量可大大降低。硒和维生素E是强抗氧化剂，在体内抗氧化过程中发挥重要作用，当其缺乏时则可引起一系列病变。

【典型症状与病变】病羊多表现运动障碍，喜卧、步态不稳、共济失调，甚至起立困难，站立时肌肉僵硬。心跳加速，脉搏细弱，节律不齐。严重时可不表现明显症状而突然倒地死亡。尸检见全身骨骼肌出现程度不等的变性、坏死，尤其是臀部、腿部、肩部、颈部和胸部肌肉。病变骨骼肌肿胀，色泽苍白似鱼肉状，或可见黄白色或灰白色条纹和斑块。心包积液，心腔扩张，心脏变形。心肌变性、坏死，呈灰黄色或灰白色条纹和斑块。组织上，骨骼肌、心肌均表现颗粒变性、蜡样环死以及钙化和再生等。

【诊断要点】本病根据症状、心肌和骨骼肌典型病变可做出诊断。必要时对组织器官、饲料和土壤中的硒含量进行测定。

【防治措施】预防可采用多种方法。在低硒地区，可给土壤补充亚硒酸钠或硒肥，也可有计划地从富硒地区购入部分饲草料，与本地饲草料调剂使用。对母羊怀孕中后期可用最低剂量亚硒酸钠注射一次，以提高乳汁中的硒含量。有计划地给羊投服硒缓释丸。治疗可采用以下方法：

（1）肌内或皮下注射亚硒酸钠　病羔可用0.2%亚硒酸钠注射液1.5 ～ 2毫升，皮下或肌内注射，每15天一次，连用两次；病情严重者，每5天注射一次，共两次。

（2）肌内注射维生素E　成年绵羊300毫克，羔羊100毫克。

（3）用亚硒酸钠在饲料中补硒　可在病羔饲料中按0.1毫克/千克补充亚硒酸钠。

【诊疗注意事项】治疗时应同时补充硒与维生素E。适当补充维生素A、维生素B、维生素C，可提高疗效。

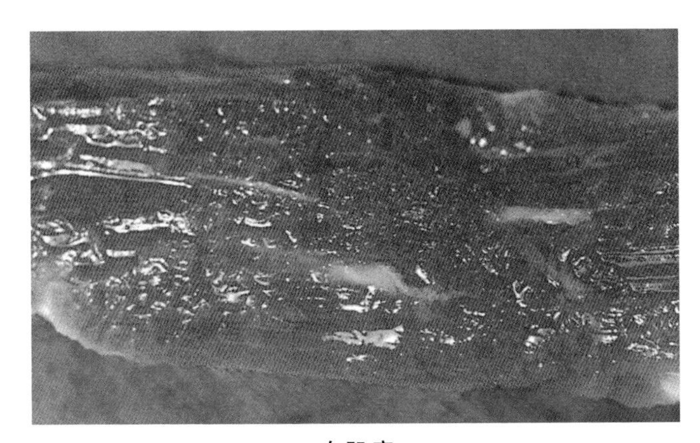

白肌病

骨骼肌颜色变淡，并可见灰白色条纹和斑块。（陈怀涛）

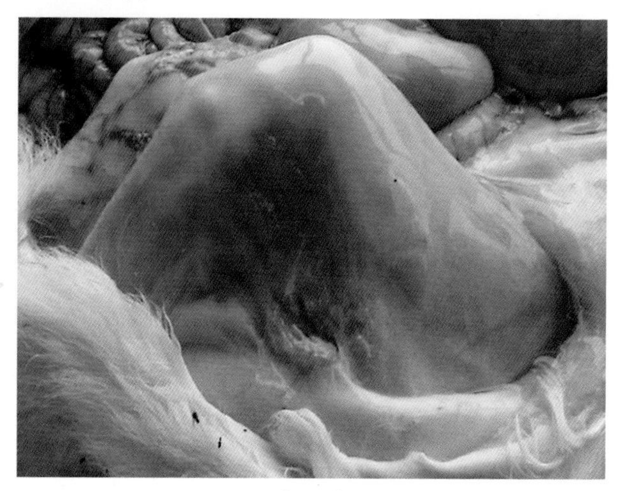

白肌病

病山羊腿部肌肉柔软，颜色变淡。(许益民)

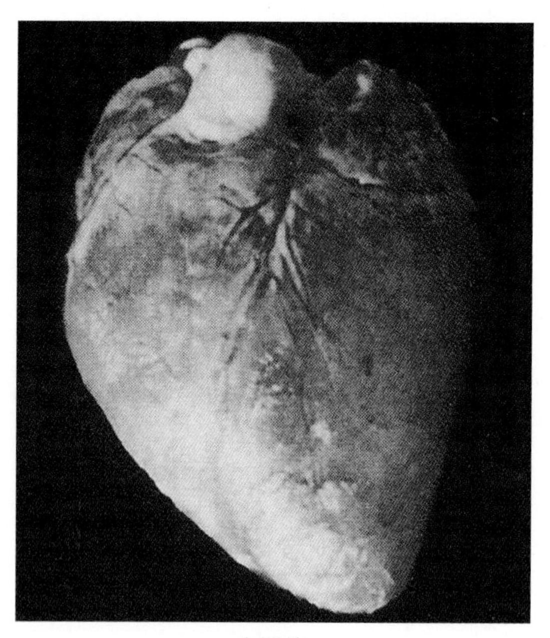

白肌病

病羊心脏的颜色变淡，并可见不均匀的淡灰黄色区域。(康承伦)

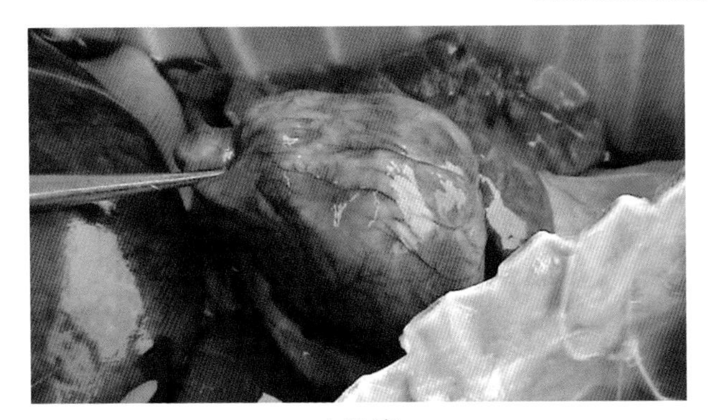

白肌病

病山羊心肌柔软，可见不均匀的灰白色斑块状病变。（许益民）

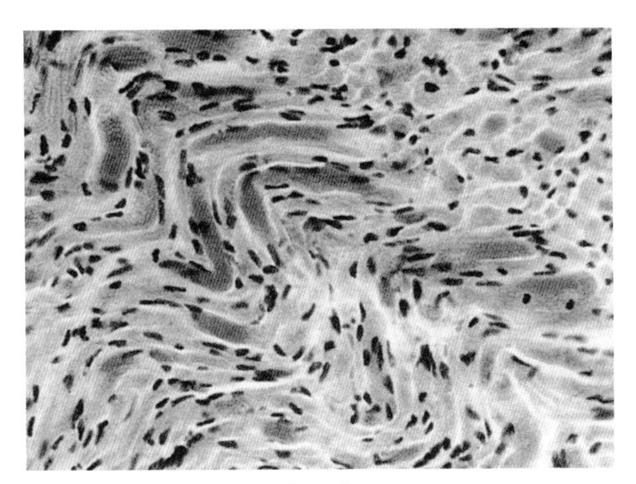

白肌病

骨骼肌纤维呈波浪状，并发生玻璃样变，染色不均，有些纤维断裂崩解，间质细胞增生。 HE×400（陈怀涛）

碘缺乏症

碘缺乏症是因缺碘而引起的单纯性甲状腺肿。病羊临诊表现甲状腺增生、肿大，生长发育受阻和繁殖力与成活率下降等。本病多发于内陆缺碘地区，常呈地方性流行。

【病因】引起羊碘缺乏的因素有原发性的和继发性的。其中，土壤和饮水中无机碘的缺乏是致病的主要病因。这是原发性碘缺乏的因素。特别是母羊妊娠期需要多量甲状腺激素时，如果缺碘，不仅使母羊发生甲状腺肿大，而且其所生羔羊也会继发甲状腺肿。此外，当羊食入含硫脲类植物或化合物后，可抑制甲状腺上皮细胞的氧化酶，从而抑制碘的利用，也可导致甲状腺肿。

【典型症状与病变】羔羊发病率远高于成年羊。当病羊甲状腺肿块不大时，外观难以发现，如超过4克，则在颈上1/3和颈中1/3交界处的两侧颈静脉沟中，可触摸到能移动的卵圆形块状物。患病母羊可以怀孕和产羔，但妊娠期往往延长，有时发生流产。新生羔羊体小而弱，被毛发育不良，不能站立，步行困难，也不能吮乳；颈下可见鸡蛋至拳头大的肿块，甚至肿大的甲状腺压迫气管而引起羔羊呼吸困难；头部皮肤、眼睑、四肢常发生水肿；一般在出生后24小时内死亡。剖检可见病死羔的甲状腺肿大。严重时，气管和食管明显受压，管腔狭窄，其周围组织充血、出血、水肿。肿大的甲状腺呈红褐色或暗红色，柔软，含有凝血。

【诊断要点】本病可根据典型症状与病变作出诊断，也可测定饲料、土壤和饮水中碘的含量，如土壤碘在0.3毫克/千克以下，饮水在10毫克/升以下，日粮在0.8毫克/千克以下时，可认为碘缺乏。病死羔羊甲状腺在2.8克以上或初生羔羊每千克体重甲状腺重大于0.5克，可认为患有本病。也可测定羊血清蛋白结合碘（PBI），以估计动物体内碘的状况，动物血清蛋白结合碘的正常范围为24～140微克/升。

【防治措施】在碘缺乏区，可采用多种补碘方法，如饮水中每天每只羊加入50微克碘化钾或碘化钠；舍饲羊饲料中加入含碘添加剂或在食盐中加入碘化钾或碘化钠1毫克/千克，让羊自由采食。发现病羊，可采用以下方法治疗。

（1）碘化钾或碘化钠　5～10毫克/（只·天），混于饲料中饲喂，20天为一疗程，停药2～3个月后，再饲喂20天。

（2）5%碘酊或10%复方碘液　将碘酊或碘液5～10滴/（只.天），加入饮水中，20天为一疗程，停药2～3个月后，再饮用20天。

【诊疗注意事项】应坚持给怀孕和泌乳期的母羊及羔羊补碘，但补碘量不能过大，否则会引起高碘甲状腺肿。绵羊对碘的最大耐受量为日粮中含50毫克/千克。

碘缺乏症

新生羔羊颈部变粗或形成肿块，头颈（眼眶、面颊、鼻唇等）部皮下水肿，四肢弯曲不能站立，多于出生后2～4小时死亡。(张高轩)

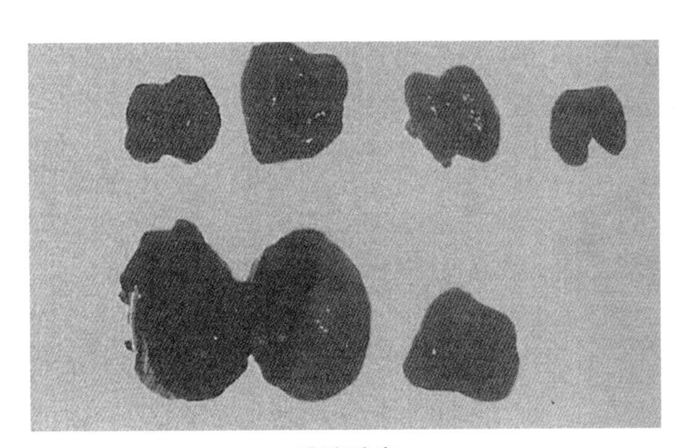

碘缺乏症

病死羊甲状腺均有程度不等的肿大，分两叶，呈紫褐色，最重可达30克以上。(张高轩)

尿 石 病

尿石病也称尿结石，是指在尿路中形成结石的一种物质代谢障碍性疾病。结石可刺激黏膜引起出血、炎症和尿路阻塞等一系列病理改变，甚至可导致膀胱破裂、尿毒症等而致机体死亡。本病多见于公羊、羯羊和羔羊（尤其是公羔），常呈地区性发生。

【病因】各种因素引起肾脏和尿路感染时，则有可能导致尿结石的形成。此外，羊在富含草酸盐和硅酸盐的植物草场放放、食入过多的棉籽饼、饮水不足或水质碱性过大、维生素A和维生素D缺乏、甲状旁腺机能亢进、磺胺类药物使用过多等，都可导致尿石病的发生。

【典型症状与病变】如结石细小且数量较少，多不引起明显症状，但结石较大时，则见明显症状。病羊表现呻吟，弓背努责，频频举尾，排尿障碍，排尿时间延长，尿量减少，尿液呈断续或点滴状流出，有时排出血尿，阴茎或尿道触诊有明显疼痛感。尿道完全阻塞时，呈现尿闭和肾性腹痛。胸腹下和尿道周围皮下明显水肿，眼结膜潮红、水肿。长期的尿闭，导致尿毒症或发生膀胱破裂而引起死亡。尸检可见结石形成于尿路的任何部位，最常梗阻在公羊的尿道内（如S状弯曲处、尿道突等），梗阻部黏膜坏死和溃疡，其上部尿液瘀滞，可见急性出血性尿道炎，甚至引起膀胱炎和肾盂肾炎。当膀胱或尿道破裂，则引起腹膜炎及周围组织的炎症。尿结石多为成层的结构，坚硬，呈球形或卵圆形，也可呈砂石状。

【诊断要点】根据病史、流行特点和排尿困难等症状，一般可做出诊断，尸检发现结石即可诊断。

【防治措施】预防要加强饲养管理，饲料中钙、磷比例要适当，饲料中应补充适量的维生素A，并供给充足的饮水。不要长期单纯地饲喂某种富含矿物质的饲料和饮水。用棉籽副产品作饲料，应脱去其棉酚毒。严格控制精饲料饲喂量。对患病轻者可加强饲养管理以减轻病情，如给流质饲料和大量饮水，必要时可给利尿剂。对患草酸盐尿石病，可用硫酸阿托品或硫酸镁治疗，对患磷酸盐尿石病，可用稀盐酸治疗。对种羊，可考虑施行手术以取除结石。

【诊疗注意事项】排尿障碍和疼痛是本病最重要的症状，必须在诊断时细心观察，但肾脏疾病也有这些症状，应注意鉴别。死后剖检时，膀胱出口、尿道尤其公羊S弯曲与尿道突应是检查的重点，因为这些部位最容易被结石阻塞。

尿石病

肾盂中有一个紫褐色玉米粒大的不正形结石形成，其表面粗糙。(张高轩)

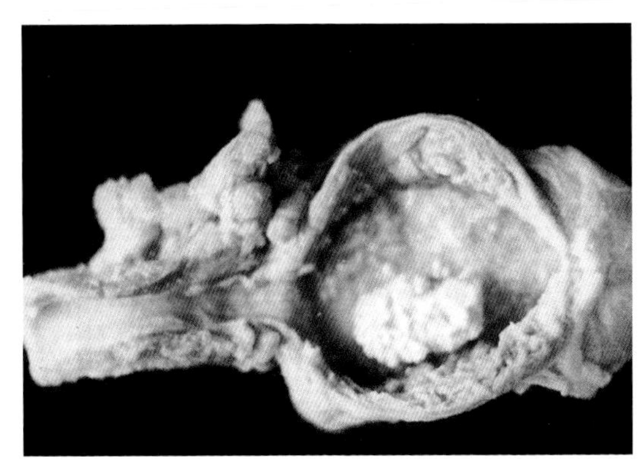

尿石病

膀胱内有许多大小不等的砂粒状结石。(李晓明)

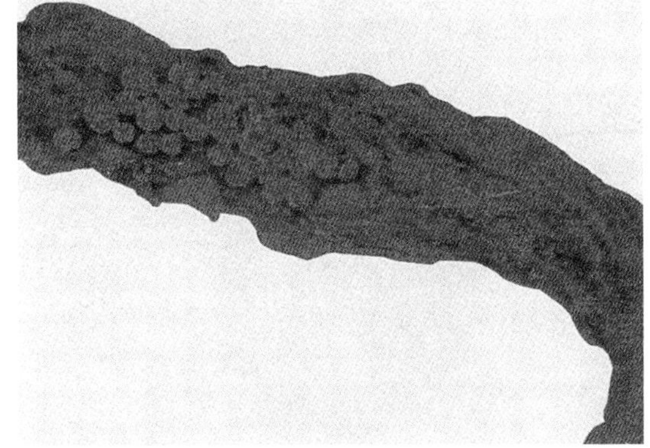

尿石病

尿道内积聚许多黄豆粒和砂粒大的结石。(张高轩)

食　毛　癖

食毛癖主要是成年绵羊和山羊的一种营养缺乏性疾病，其主要症状是嗜食被毛成癖，常呈散发或在某一地区发生。

【病因】一般认为，成年绵羊和山羊体内常量矿物元素硫（S）缺乏是发生食毛癖的主要原因。此外，饲料中钙、磷、钠、铜、锰、钴等矿物元素及维生素、蛋白质和含硫氨基酸缺乏也可导致本病的发生。

【典型症状与病变】病羊经常啃食自身或其他羊的被毛，以啃食臀部被毛为主。被啃食的羊只被毛粗乱，严重者出现大片皮肤裸露，甚至全身净光，最终可导致寒冷而死亡。病羊食欲减退，消化不良，逐渐消瘦，全身无力，甚至食欲废绝，流涎。有的出现磨牙、不排粪便、腹胀、腹痛等症状。有的还有啃食毛织品、煤渣、骨头等异食癖症状。剖检可见，除尸体消瘦、背腹部甚至全身有大片无毛区外，皮下有胶样水肿，肠道可见大小不等的毛球。心肌柔软。切面常可见灰白色病变区。

【诊断要点】本病可根据病史及以上症状做出诊断。有时病羊腹部触诊时在皱胃或肠内可摸到毛球。

【防治措施】本病可采取综合性防治措施：羔羊出现食毛症状时应与母羊隔离，只在哺乳时允许接触；给母羊及其他羊供给全价饲料；对羊群可用含硫药物颗粒饲料进行补饲；注意羊舍卫生并及时清理脱落的羊毛；合理轮牧利用草场；加强饲养管理，确保羊群越冬。对出现食毛癖的病羊用含硫化合物进行治疗，给病羊饲料或饮水中添加含硫化合物（如硫酸铝、硫酸钙、硫酸亚铁或硫酸铜等），硫元素的含量应控制在饲料干物质的0.05%，或成年羊每只0.75～1.25克/天，对于并发毛球症的病羊，应根据情况施行手术治疗。

【诊疗注意事项】本病为一种营养缺乏病，应以改善营养为防治的主要环节，临诊上注意与其他引起消瘦、营养不良的疾病鉴别。

食毛癖

羊群营养不良，被毛大量脱落或被啃掉。(黄有德)

食毛癖

从食毛癖的羊肠道中收集的毛球。(甘肃农业大学兽医病理室)

佝 偻 病

佝偻病是羔羊在生长发育过程中，因维生素D缺乏及钙、磷代谢障碍所引起的骨营养不良性疾病。

【病因】本病可分为先天性与后天性两类。先天性佝偻病往往是由于妊娠羊体内钙、磷或维生素D缺乏或摄入不足，影响胎儿骨骼正常发育，致使幼羔出生后发病。后天性佝偻病是由于母乳或饲料中维素D、钙或磷不足，或缺乏舍外运动使阳光照射不足而引起。

【典型症状与病变】病羔表现生长迟缓、衰弱，喜卧，精神沉郁，起立缓慢，异嗜，步态不稳或出现跛行。病程稍长则关节肿大。以腕关节、跗关节和球关节较明显。四肢弯曲不能伸直，腰背拱起。严重时，病羊以腕关节着地爬行，后躯不能抬起，甚至卧地不起。此外，病羔还可表现出牙期延长，齿形不规则等，尸检可见病羔骨组织钙化不全，软骨骨化障碍，骨组织钙盐沉积不足，软骨肥厚，骨骺增大，骨弯曲变形。

【诊断要点】本病早期诊断较为困难。一般需根据病史以及异嗜、生长缓慢症状与骨、关节变形的病理改变，并结合血液中钙、磷含量的检查才能做出诊断。

【防治措施】本病预防应采取综合预防措施：加强怀孕母羊和泌乳母羊的饲养管理，饲料中应含丰富的蛋白质、维生素D和钙、磷，注意钙、磷配合比例（1.2 ～ 2 ∶ 1），适当增加鱼粉、骨粉等矿物质饲料，供给充足的青绿饲料，适当增加舍外运动，补充阳光照射。对羔羊适当投喂鱼肝油及维生素D制剂。对发病羊可采用以下综合治疗方法：

（1）维生素A和维生素D注射液　每只羊各3毫升肌内注射。

（2）精制鱼肝油　每只羊3毫升肌内注射或灌服，每周2次。

（3）10%葡萄糖酸钙注射液　每只羊5 ～ 10毫升静脉注射。

【诊疗注意事项】如羊群中大量发病，应采用以上综合性防治措施。本病的主要症状和病变在骨关节，因此在诊断时注意和许多骨关节疾病及其炎症鉴别。如铜缺乏病时也有运动障碍和关节肿大症状，但为骨骺端的炎症，而不是骨骺端软骨肥大和增宽，同时血清碱性磷酸酶活性变化不明显，体内铜含量明显下降。

佝偻病

羔羊生长迟缓，四肢关节肿大，行走不稳。（贾宁）

骨软症

骨软症是成年羊软骨内骨化完成后，由于饲料中磷缺乏或钙、磷比例不当，导致骨质进行性脱钙，呈现以骨质疏松和骨骼变形为特征的一种骨营养不良性疾病。

【病因】主要是由于饲料磷含量不足、钙磷比例失调和维生素D不足而引发本病。此外，羊舍狭小，过度拥挤，通风不畅，冬季阴冷，造成光照不足、维生素D合成受阻等因素，也可促进骨软症的发生。

【典型症状与病变】病羊主要表现消化紊乱，异嗜，运动障碍和骨骼变形等症状。初期病羊表现异嗜，舐食泥土、铁器等，食欲减退，体重下降，消瘦，被毛粗乱；随后出现跛行，经常卧地，严重时后肢瘫痪。椎骨、盆骨和肋骨易发生骨折，且愈合不良。上颌骨常肿胀，硬腭突出，致使口腔闭合困难等。尸检可见全身大部分骨骼出现柔软、弯曲、变形及骨质疏松，管状骨间隙扩大。

【诊断要点】根据发病年龄、病史及临诊症状，可做出初步诊断。确诊可进一步分析饲料中钙、磷和维生素D含量及血清磷含量，并可测定血清碱性磷酸酶活性。X光检查可作为辅助诊断。

【防治措施】本病应以预防为主，预防原则是加强饲养管理，在不同生理时期供给全价日粮，特别是高产奶山羊。平时注意饲料配比，特别是钙、磷比例。治疗可采用以下方法：

（1）初期可通过饲料中补充骨粉和磷酸氢钙来治疗。每天在精料中添加20克骨粉，饲喂5 ～ 7天为一个疗程。

（2）严重时可静脉注射20%磷酸二氢钙溶液20 ～ 50毫升或3%磷酸钙溶液200毫升，每天一次，连用3 ～ 5天。

上述治疗中可同时肌内注射维生素D，以提高治疗效果。

【诊疗注意事项】注意与关节炎、肌肉风湿症、慢性氟中毒等疾病鉴别。前两种病虽有跛行但无骨骼变形等病变，慢性氟中毒时牙齿病变明显。

骨软症

母羊营养不良，骨质软化，脊柱变形下凹。（陈怀涛）

妊娠毒血症

羊的妊娠毒血症是母羊妊娠末期多见的一种代谢障碍性疾病。临诊病理特征为低血糖、酮血症、酮尿症、虚弱和瞎眼。多发于怀双羔、三羔或胎儿过大的奶山羊和绵羊。

【病因】本病的病因不明。一般认为母羊怀双羔、三羔或胎儿过大时需要消耗大量的营养物质，可成为本病的诱因。气候恶劣、天气突变、天气寒冷、环境改变、缺乏运动和母羊营养不良等，也可诱使本病的发生。

【典型症状与病变】症状常在妊娠最后1个月，特别是产前10 ~ 20天出现。各种品种的母羊在怀第二胎及以后妊娠时均有可能发生。病初精神沉郁，食欲减退，但体温正常。以后，结膜黄染，食欲废绝，磨牙，反刍停止，视力明显减退，出现神经症状，呼吸浅快，呼出的气体有丙酮味。严重时病羊倒地，震颤，昏迷，多在1 ~ 3天死亡。血液学检查时主要表现为低血糖、高血酮和低蛋白血症，淋巴细胞和嗜酸性粒细胞减少。尿液酮体呈强阳性。肝、肾明显肿大，色黄，质脆易碎，切面有油腻感。组织上，实质细胞尤其肝细胞严重脂肪变性，甚至坏死。肝细胞浆被大小不等的脂肪滴所占据。

【诊断要点】根据症状、孕期饲养管理及血液、尿液检查结果，可做出诊断。死后可作组织学检查。

【防治措施】本病预防的关键是要合理搭配饲料，保证母羊所必需的糖、蛋白质、矿物质和维生素。一般从妊娠第2个月开始适当增加精料量，从产前第2个月起，每日供给精料250克，至产前2周，每日精料量增至1千克。在怀孕期间，应提供专门的营养和管理，要避免妊娠羊过于消瘦或肥胖，避免饲喂制度的突然改变，并且要增加运动。治疗可采用以下方法：

（1）每只羊用25%～50%葡萄糖液150～200毫升，维生素C 0.5克，一次静脉注射，1天2次。也可结合应用类固醇激素治疗，如胰岛素20～30国际单位，肌内注射。

（2）每只羊用氢化可的松75毫克和地塞米松12毫克，肌内注射，同时静脉注射葡萄糖及钙、磷、镁制剂。

（3）以肌醇作驱脂药，促进脂肪代谢，降低血脂，保肝解毒。

（4）以上方法无效时，应尽快施行剖腹产或人工引产。

【诊疗注意事项】本病应注意与羊生产瘫痪相区别。但生产瘫痪多见于高产奶山羊，常发生于产后1～3天或泌乳早期，以补钙和乳房送风治疗法有效。

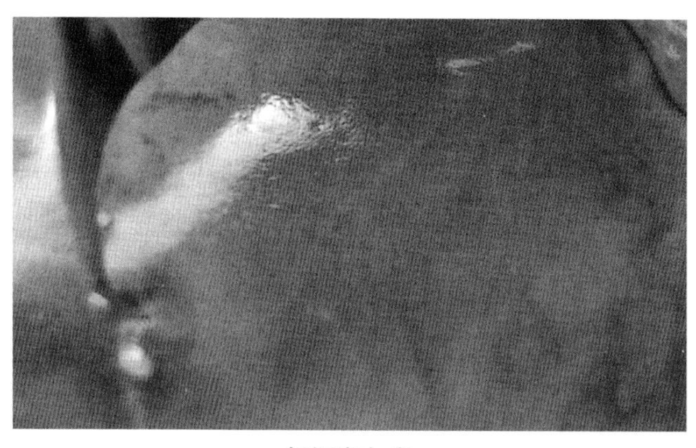

妊娠毒血症

肝脂肪变性：肝脏肿大，质地脆软，色红黄。（李晓明）

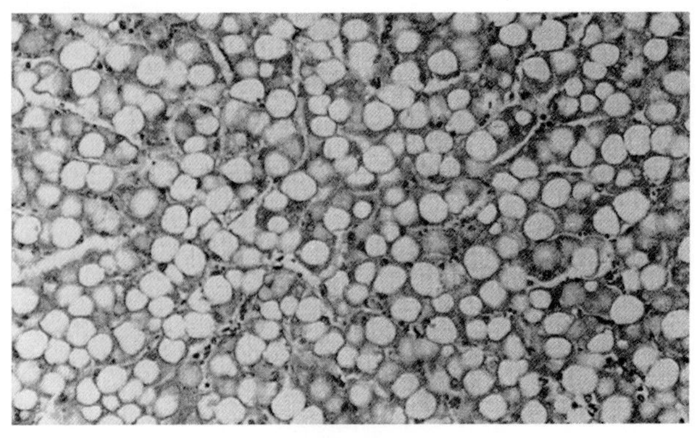

妊娠毒血症

肝脂肪变性：肝脏呈严重脂肪变性变化，肝细胞浆被大小不等的脂肪滴（空泡）所占据。HE×200（李晓明）

铜 中 毒

铜中毒是动物一次性摄入大剂量铜盐，或长期食入含过量铜的饮水或饲料，引起铜在体内蓄积而发生的中毒性疾病，其特征是腹泻、腹痛、黄疸和贫血。家禽中，鹅对铜较敏感，绵羊、山羊以及牛、猪也可发生。

【病因】铜盐是一类常用的杀虫、防腐剂。急性铜中毒多因一次注射或误食大剂量可溶性铜而引起。慢性铜中毒常因环境污染或区域性土壤中铜含量过高，所生长的牧草或饲料中铜含量偏高引起，或长期饲喂含有铜添加剂的饲料引起。长期用含铜较多的猪粪、鸡粪施肥的草场，也可导致绵羊铜中毒。饲料中铜与钼的比例不当或经常采食三叶草、千里光等植物可导致继发性铜中毒。

【典型症状与病变】急性中毒者常表现流涎、呕吐、剧烈腹痛和下泻。粪便中常混黏液，呈深绿色。发病数天后出现溶血和血红蛋白尿。但多数病例常于1 ～ 2天虚脱死亡。病羊黏膜黄染，血液黏稠且易凝固；胸、腹腔常有红色积液；有出血坏死性胃肠炎，以皱胃最严重，肠内容物呈深绿色；肝瘀血，广泛的小叶中心性坏死；膀胱出血，肾小管上皮细胞变性、坏死。慢性中毒时在出现溶血前无明显症状，发生溶血后突然出现精神沉郁、厌食、震颤，呼吸困难，黄疸和血红蛋白尿等。特征变化为溶血性贫血和黄疸，血液呈巧克力色。肾肿大，呈古铜色，有出血斑点，组织上肾脏近曲小管上皮细胞浆和管腔中有许多含铜的血红蛋白，其形圆，色绿（铜染色）。脾肿大，色黑。有胃肠炎的症状和病变。

【诊断要点】根据病史、症状、病理变化，结合血液、肝、肾等组织中铜含量的测定即可确诊。如慢性铜中毒溶血期，血铜水平由正常的小于1毫克/升升高至5 ～ 20毫克/升。

【防治措施】预防本病首先应断绝羊群与铜源的接触，饲喂优质牧草，同时静脉注射三硫钼酸钠（每千克体重0.5毫克，稀释为100毫升），可促使铜通过胆汁排泄。在高铜地区放牧的羊，在精饲料中加入钼5毫克/千克、锌50毫克/千克和0.2%的硫，可预防铜中毒。治疗可采用以下方法：

（1）急性中毒　可用0.1%亚铁氰化钾（黄血盐）溶液或硫代硫酸钠溶液洗胃，静脉注射三硫钼酸钠（每千克体重0.5毫克，稀释为100毫升）。也可皮下注射四硫钼酸铵治疗有溶血症状的绵羊，每千克体重3.4毫克。隔天一次，连用3次。

（2）慢性中毒　可用50 ～ 500毫克钼酸铵和0.1 ～ 1.0 克硫酸钠加入日粮中，连用3 ～ 6周。

【诊疗注意事项】对植物性或肝源性中毒羊，防止采食有毒植物是预防本病的关键。肝源性中毒是指天芥菜、千里光等植物含有铜滞留性肝毒生物碱，长期食用可引起肝源性慢性铜中毒。

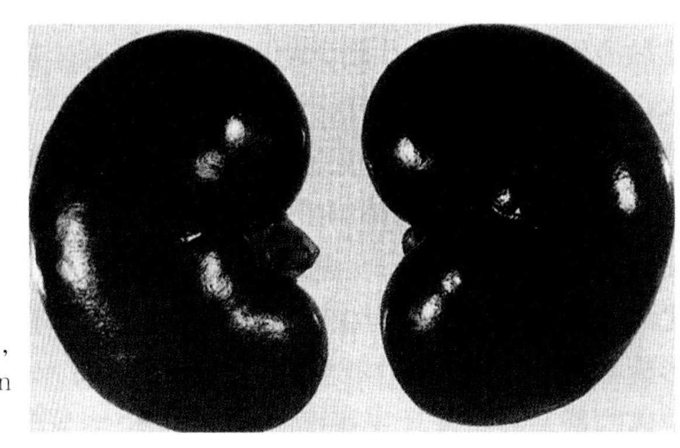

铜中毒

慢性铜中毒：肾脏肿大，色暗，呈古铜色。(Mouwen JMVM等)

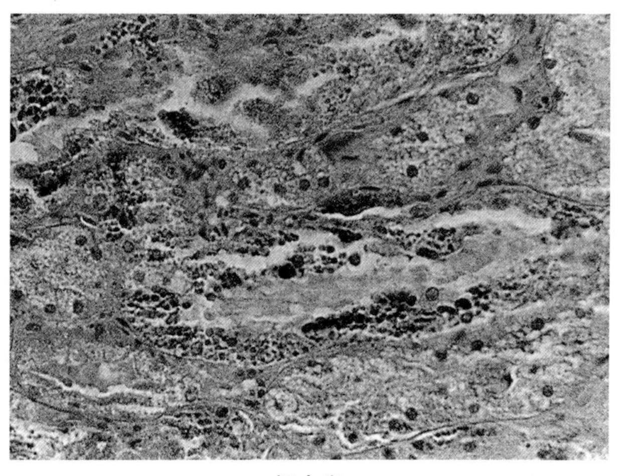

铜中毒

慢性铜中毒：铜染色时，在肾脏近曲小管上皮细胞浆和管腔中见许多含铜的血红蛋白滴，其形圆，大小不一，呈绿色。(Mouwen JMVM等)

氟 中 毒

氟中毒即无机氟中毒，是羊采食含无机氟的饲料、饮水或一次食入大量氟化物药剂后引起的中毒性疾病。前者多引起慢性（蓄积性）中毒，通常称为氟病，以牙齿出现氟斑、过度磨损、骨质疏松和形成骨疣为特征。后者主要引起急性中毒，以出血性胃肠炎和神经症状为特征。

【病因】急性氟中毒因羊只误食大量氟化物如氟硅酸钠所致。慢性氟中毒常见于下列情况：在自然高氟区，牧草、农作物和饮水中含氟量较高，易引起中毒；某些工厂、矿山排出的废渣中含大量氟化物，通过污染环境引起羊或其他家畜中毒；长期饲喂未脱氟的矿物质添加剂。

【典型症状与病变】急性中毒时，病羊精神沉郁，食欲减退或废绝，反刍停止，腹痛、腹泻，粪便常混有血液、黏液；呼吸困难，敏感性增高，抽搐，数小时内死亡。病变主要表现为出血性坏死性胃肠炎和实质器官的变质变化。慢性中毒羊主要表现为氟斑牙，门、臼齿过度磨损，排列散乱，间隙变宽，咀嚼困难，骨质疏松，骨骼变形和骨疣形成，还有间歇性跛行、弓背和僵硬等症状。

【诊断要点】急性中毒主要根据病史及急性出血性胃肠炎等症状与病变做出诊断。慢性中毒根据牙齿损害、骨变形及跛行等特征病变和症状做诊断。必要时可进行骨骼、尿液和牧草氟含量的检测。如羊骨骼氟含量超过临界值2 000 ～ 3 000微克/克，则可认为是氟中毒。

【防治措施】预防本病可采用消除氟污染或离开氟污染的环境；在低氟牧场与高氟牧场实行轮牧；日粮中添加足量的钙和磷；防止环境污染；肌内注射亚硒酸钠或投服长效硒缓释丸等。治疗可采用以下方法：

（1）急性中毒　应立即催吐并进行洗胃处理，如可用0.5%氯化钙溶液、0.05%高锰酸钾溶液或肥皂水洗胃，同时静脉注射葡萄糖酸钙注射液，并配合应用维生素C、维生素D和维生素B_1等。

（2）慢性中毒　目前尚无使病羊完全康复的治疗方法，应让病羊及早远离氟源，并供给优质牧草和充足的饮水，为了中和消化道产生的氢氟酸，每天可在饲料中混喂硫酸铝、氯化铝或硫酸钙等，也可静脉注射葡萄糖酸钙。

【诊疗注意事项】急性中毒应与有胃肠炎的传染病（如大肠杆菌病、沙门氏菌病）、中毒病等相鉴别；慢性中毒应与能引起骨损害的铜缺乏、铅中毒及钙磷代谢障碍性疾病相鉴别。

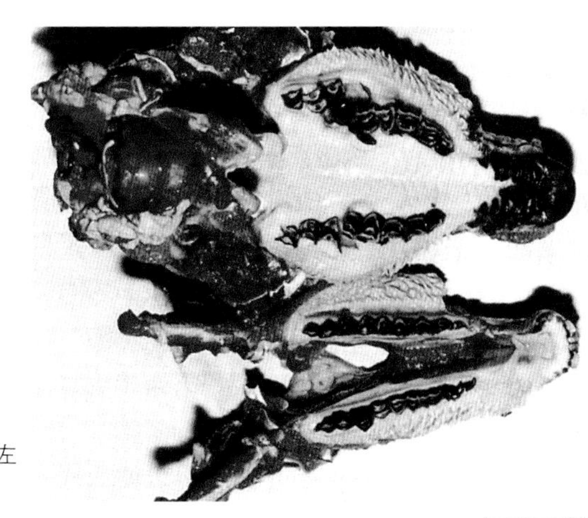

氟中毒

牙齿磨灭不齐，排列散乱，左右偏斜。（刘宗平）

萱草根中毒

萱草根中毒即有毒的黄花菜根中毒，俗称瞎眼病。是一种以脑、脊髓白质软化和视神经变性、坏死为主要特征的全身性中毒病，临诊特征为瞳孔散大、双目失明与瘫痪等。

【病因】萱草俗称黄花菜或金针菜，有些种的根部含有毒成分萱草根素。以北萱草根中毒最常见。山羊和绵羊口服萱草根素的中毒剂量分别为每千克体重30毫克与每千克体重38.8毫克。自然病例主要见于放牧摄食了萱草根的绵羊和山羊，发病有明显的季节性（多在1 ~ 3月枯草期）与地方性，特别是野生或栽培萱草比较集中的地区。

【典型症状与病变】本病出现症状的时间和程度因食入萱草根的数量不同而异。一般在羊采食萱草根后2 ~ 3天发病。病羊表现食欲减退或废绝，呆立，反应迟钝，磨牙，震颤。以后双侧瞳孔散大，双目失明，并出现运动障碍，甚至瘫痪。如食入萱草根数量较多，则迅速发病。病羊呆立，呻吟，尿频，全身震颤，瞳孔散大，双目失明，四肢无力，最终瘫痪、昏迷死亡。尸体剖检见胸腹腔积液；心扩张，心内、外膜和心肌出血；肾脏色灰红，偶见出血点；膀胱积尿，黏膜出血；软脑膜充血、出血，脑室积液；视网膜充血、出血，视乳头肿大、突出，呈灰白色；双侧视神经局部肿胀松软或萎缩变细。组织上，视神经变性、脱髓鞘、坏死、萎缩。视乳头和视网膜充血、出血、水肿。脑与脊髓的白质有软化灶。实质器官充血、出血，实质细胞变性、坏死。

【诊断要点】根据发病季节，病羊有刨食萱草根的病史，结合瞳孔散大、双目失明、瘫痪等症状和视神经的病变，即可做出诊断。

【防治措施】以预防为主，储存足量的冬草补饲，以便在枯草季节减少放牧时间；或在放牧前事先补饲一定量的干草，以减少羊对萱草根的刨食。每年在冬末与早春的枯草季节，严禁在萱草密生地区放牧。目前，本病尚无特效疗法。对已失明的病羊，应尽早淘汰。

【诊疗注意事项】本病最重要的症状是双目失明，因此，临诊上发现视力障碍问题时应怀疑本病和其他眼部的疾病。其他眼部的疾病多有结膜、角膜等炎症变化，而本病时眼部无明显炎症病变，而且疾病只发生在枯草季节。

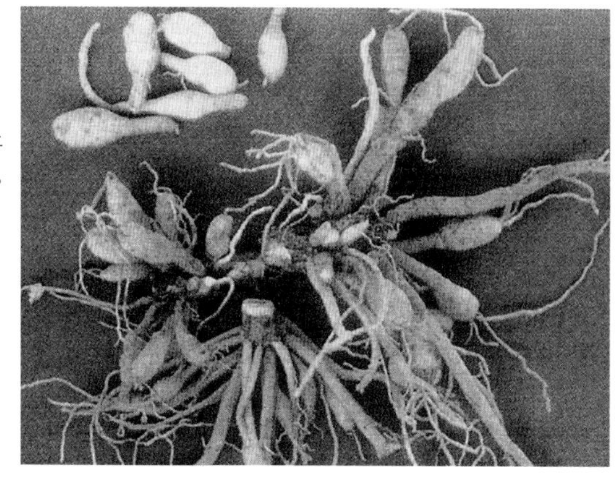

萱草根中毒

小萱草根的形态：小萱草根呈丝状，末端膨大并附有少量须根。(曹光荣)

萱草根中毒

中毒羊瞳孔散大，失明。(洪子鹂)

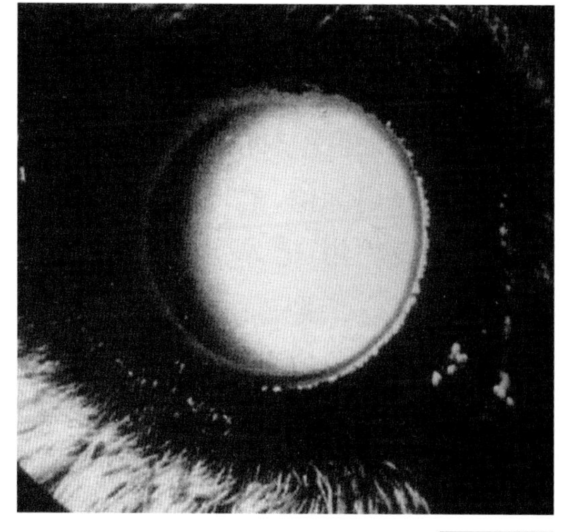

萱草根中毒

瞳孔散大呈圆形。(王建华)

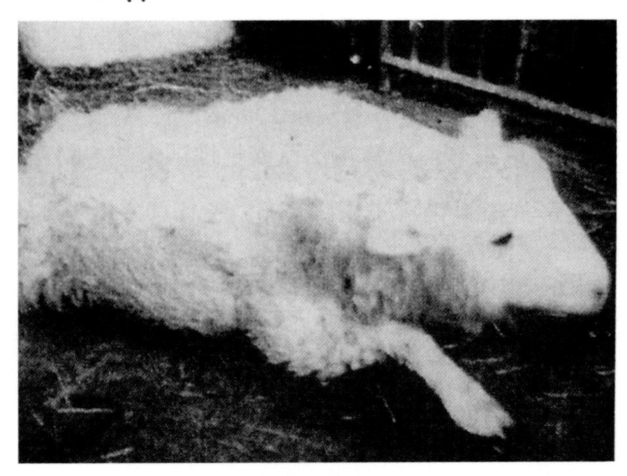

萱草根中毒

躯干、四肢麻痹，不能站立。（王建华）

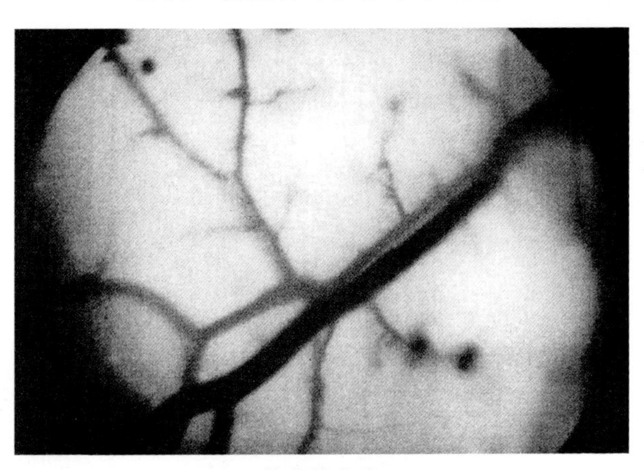

萱草根中毒

视网膜血管明显充血、扩张，并有大小不等的出血斑点。（王建华）

蕨 中 毒

放牧羊采食蕨叶引起的中毒称为蕨中毒，当短期内大量采食蕨叶可引起急性中毒，其临诊病理特征是，再生障碍性贫血和全身广泛性出血；如长时间连续少量采食蕨叶，则引起慢性中毒，其临诊表现血尿，病理检查可见膀胱肿瘤。

【病因】在蕨类植物的叶子中含有能致骨髓损伤和膀胱肿瘤的物质，最常引起中毒的蕨类植物品种为毛叶蕨和欧洲蕨。本病发生于有蕨类植物生长的地方，如贵州等地。急性中毒多发生于春季，慢性中毒无明显季节性。主要侵害牛和绵羊。

【典型症状与病变】急性中毒病初绵羊表现精神沉郁，食欲减退，步态不稳，随后出现高热，流涎，拒食，便秘或腹泻，腹痛，粪便色暗红，可视黏膜出血、贫血、黄染。孕羊因努责可引起流产。剖检可见全身皮肤、黏膜及浆膜广泛出血，实质器官变性、出血，体腔有血样液体，长骨红骨髓变为黄骨髓，呈胶冻样。慢性中毒时病羊主要表现间歇性血尿，伴有尿频、尿急、排尿痛苦等症状。剖检可见膀胱黏膜充血、水肿甚至出血，有的病例可见膀胱有各种肿瘤生长。

【诊断要点】急性蕨中毒根据大量采食蕨类植物史、发病季节和腹痛、全身病症可做出诊断；慢性中毒可根据间歇性血尿和膀胱肿瘤做出诊断。

【防治措施】预防本病应加强放牧的饲养管理，春季避免在蕨类植物生长旺盛的草场放牧。为控制蕨的生长和蔓延，可人工挖除或用化学除草剂除蕨，如用黄草灵喷洒于刚展开的蕨叶面使其枯死。

目前尚无特效疗法，可试用下列方法治疗：

（1）输液、输血　一次输入健康羊全血500毫升或富含血小板的血浆500毫升，每周一次，共输4～5次。

（2）骨髓刺激剂　鲨肝醇1克、橄榄油10毫升，混合溶解后皮下注射，每天一次，连用5天，或鲨肝醇2克、吐温－80（或吐温－20）50克、生理盐水100毫升，混合后每天静脉注射40毫升，连用5天。

（3）肝素颉颃剂　1%硫酸鱼精蛋白注射液10毫升，缓慢静脉注射。

（4）其他方法　用维生素制剂、营养剂、止血剂、强心利尿剂等配合治疗。

【诊疗注意事项】急性蕨中毒主要表现出血、贫血、血凝不良与黄疸等症状与病变，因此应与炭疽、巴氏杆菌病、钩端螺旋体病、泰勒虫病、痢特灵中毒和草木樨中毒等疾病相鉴别。慢性中毒的主要症状为血尿，故怀疑本病时应检查尿液中的脱落细胞的形态，以便确定肿瘤的存在。死后诊断必须检查膀胱中的病变，以组织学方法确定肿瘤的良恶性和类型。本病要以预防为主，必要时才实施治疗。

蕨中毒

欧洲蕨和毛叶蕨外形比较：左为欧洲蕨，叶片较为宽大；右为毛叶蕨，叶片较为细长。(许乐仁)

霉烂甘薯中毒

霉烂甘薯中毒又称黑斑病甘薯中毒，是牛、羊等动物采食一定量霉烂甘薯后，因其毒素被吸收而引起的以呼吸困难为主要症状的中毒病，其病理特征为肺水肿和肺气肿。本病主要发生于种植甘薯地区的10月份至翌年4月份。

【病因】羊只采食或误食霉烂（黑斑病）甘薯是本病的原因。黑斑病甘薯有黑斑病真菌寄生，可产生黑斑病毒素。此毒素有剧毒，耐热，煮沸不能被破坏，故可引起呼吸中枢和肺等器官发生一系列损害。

【典型症状与病变】羊采食霉烂甘薯后1 ～ 2天发病，病程一般1 ～ 2天或3 ～ 5天，病羊主要表现严重的呼吸困难症状。呼吸动作加深，头颈前伸，鼻孔张开，呼吸强烈，口流泡沫状唾液，可视黏膜发绀，严重时肩背部皮下发生气肿，按压有捻发音，终因窒息而死亡。

剖检可见肺间质与肺泡高度气肿与水肿。切面呈蜂窝状。纵隔、肺与纵隔淋巴结、心包膜下及肩背皮下和肌膜下等部可见大小不等的气泡聚集。

【诊断要点】生前根据采食霉烂甘薯史和严重呼吸困难与气喘等症状，死后根据肺和相关组织气肿病变可对本病作出诊断。

【防治措施】加强甘薯保管与保存，防止甘薯变质霉烂，禁用霉烂甘薯喂羊。本病尚无特效疗法。中毒早期可洗胃，或内服0.1%高锰酸钾溶液500 ～ 1 000毫升，或1%过氧化氢溶液200 ～ 500毫升。为解毒、缓解呼吸困难，可静脉注射5%～ 20%硫代硫酸钠注射液10 ～ 20毫升，为增强肝解毒作用，可静脉注射等渗葡萄糖和维生素C等。

【诊疗注意事项】本病以预防为主，治疗应越早越好。本病症状典型、病变特征，诊断应无困难。

疯 草 中 毒

疯草中毒是由豆科植物中的棘豆属和黄芪属的一些植物（俗称疯草）所引起的多种家畜的中毒性疾病。山羊和绵羊最为敏感。病羊主要表现以运动功能障碍为主的慢性中毒。本病多发生于我国北方牧区的早春或干旱年份。

【病因】疯草中最主要的有毒成分是吲哚兹啶生物碱——苦马豆素。疯草适于生长在植被破坏的地方，在我国一些草场已发展成为优势草种。过度放牧、草场退化、植被破坏和管理不善，为这些有毒植物的蔓延生长提供了条件。大量采食疯草可在十余天发生中毒，少量采食在1 ～ 2个月或更长时间才出现中毒症状。

【典型症状与病变】羊嗜食疯草后，病初精神沉郁，离群呆立，逐渐出现视觉和运动障碍，因后肢不灵活，驱赶时后躯常向一侧歪斜。严重时机体麻痹，卧地不起，最终衰竭死亡。妊娠母羊可出现流产或胎儿畸形。眼观病变为尸体消瘦，皮下呈胶样浸润，腹腔积液。肝略肿大，呈淡灰红色，表面常见灰白色区域。肾色灰黄，表面可见淡白色斑块。脑膜血管充血，脑沟变浅，脑回展平。组织上，多种器官实质细胞（尤其是神经细胞）发生空泡变性。

【诊断要点】根据采食疯草的病史、运动障碍的神经症状，结合神经细胞和其他多种实质细胞的空泡变性，便可确诊。

【防治措施】本病应采取综合预防措施。清除牧区疯草（如化学除草或人工挖除）或禁止在疯草密集的地方放牧。加强饲养管理，在疯草大面积分布的区域，实行放牧员跟群放牧以免疯草中毒。在家畜饥饿时尤其要注意管理。也可合理轮牧，控制载畜量，防止过度放牧引起草场退化，使草场保持一定的优良牧草植被，防止放牧动物因牧草不足而啃食疯草。目前，尚无有效治疗方法。对中毒较轻或发病不久的病例，加强饲养管理，供给优质牧草并注意补饲，可逐渐痊愈。对中毒较重者，可采用中西结合疗法，如用10%硫代硫酸钠注射液静脉注射，同时肌内注射维生素B_1 100毫克。绵羊中毒还可用复方芪草汤治疗：黄芪、甘草、党参、何首乌、丹参各30克，大枣10枚，加水500毫升，文火熬30分钟，取汁一次灌服。

【诊疗注意事项】如个别羊只发生运动障碍的症状，很难与许多运动器官疾病甚至其他重病卧地的疾病相鉴别，但若有多数动物发病，就应怀疑本病。多种组织细胞的空泡变性是本病确诊的重要病理变化，应足够重视。

疯草中毒

黄花棘豆草的形态。（曹光荣）

疯草中毒

中毒羊后肢不灵活，行走时弯曲外展。（曹光荣）

疯草中毒

重病羊卧地瘫痪，起立困难。（曹光荣）

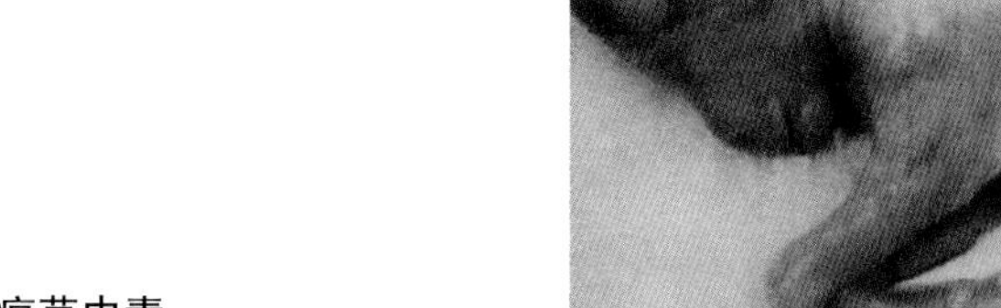

疯草中毒

流产胎儿头部严重出血。（丁伯良）

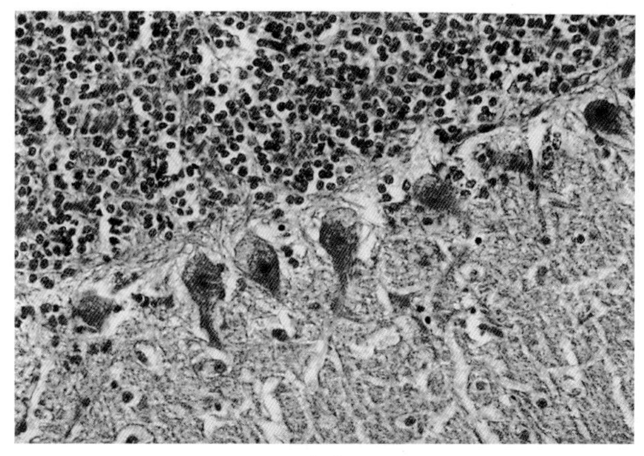

疯草中毒

浦金野氏细胞空泡变性，故其细胞浆染色不均，胞核浓缩或溶解。 HE×400（陈怀涛）

硒　中　毒

硒中毒是动物采食大量含硒牧草、饲料或补硒过多而引起的一种中毒性疾病。临诊上出现精神沉郁、呼吸困难、贫血、消瘦、脱毛等多种症状。本病多见于羊，牛也可发生。

【病因】土壤硒含量过高时，其所生长的牧草硒含量也高，如动物采食这种牧草即可引起中毒。一般认为，当土壤含硒量达1 ~ 6毫克/千克，饲料含硒达3 ~ 4毫克/千克时即可引起中毒。过量硒主要是通过抑制氧化还原酶发挥其毒性作用的。

【典型症状与病变】急性硒中毒时，临诊上表现精神沉郁，四肢无力，卧地时回头观腹，呼吸困难，可视黏膜发绀，最终因窒息而死亡。死前哀叫，从鼻孔流出白色泡沫状液体。尸体全身出血，肺瘀血、水肿，气管内充满大量白色泡沫状液体；腹腔积液，肝脏、肾脏变性。慢性硒中毒时，出现消化不良、消瘦、贫血、脱毛、蹄壳脱落、步态不稳等症状。

【诊断要点】本病可根据在富硒地区放牧、采食富硒植物以及有硒剂治疗史，并结合症状、病理变化等做出初步诊断。当羊血硒含量高于0.2微克/千克可作为早期诊断的指标。

【防治措施】在富硒地区，可增加羊日粮中蛋白质、硫酸盐、砷酸盐等含量，以促进对硒的排出；还可向土壤中加入氯化钡并多施酸化肥料，以减少植物对硒的吸收。在缺硒地区，预防硒缺乏时要严格掌握饲料中硒制剂的添加量。

【诊疗注意事项】诊断本病时不要单纯依靠上述症状和病理变化，一定要综合考虑。

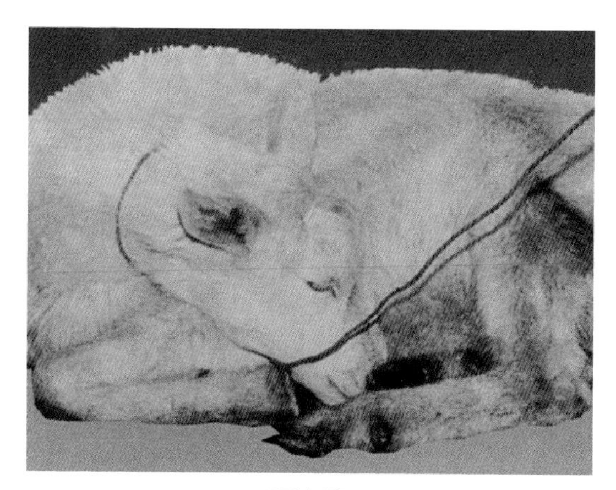

硒中毒

沉郁病羊精神沉郁，卧地不起，回头观腹。(李引乾)

硒中毒

气管内充满白色泡沫状液体。(李引乾)

氢氰酸中毒

氢氰酸中毒是指羊采食氰苷配糖体的青绿饲料，在体内产生氢氰酸，使细胞呼吸功能受阻而发生的疾病，其特征是病羊呼吸困难，黏膜潮红与肌肉震颤等。

【病因】含有氰苷配糖体的青绿饲料有玉米苗、高粱苗、胡麻苗、豌豆苗、三叶草等作物幼苗，羊食后在体内产生氢氰酸，使组织不能利用氧，故组织缺氧而出现呼吸困难等症状。用过量杏仁、桃仁等中药治病也可引起本病。

【典型症状与病变】发病突然，羊只采食上述青绿饲料后常在15～20分钟发病，表现腹痛不安，瘤胃臌气，呼吸加快，可视黏膜潮红，口吐白沫，先兴奋后沉郁，走路不稳或倒地。严重时体温下降，后肢麻痹，肌肉震颤，瞳孔散大，全身反射减弱或消失，心跳减弱，呼吸浅微，最终昏迷死亡。尸检见尸僵不全，尸体不易腐败，血色鲜红，凝固不良；内脏外观色鲜红；呼吸与消化道黏膜充血、出血、心包腔积液，心内、外膜出血，肺水肿，气管与支气管内充满红色泡沫状液体，胃内容物散发苦杏仁味。

【诊断要点】根据食入氰苷植物或氰化物史，主要症状（流涎、腹痛、呼吸困难、黏膜潮红）。特征病变（血液鲜红与凝固不良，内脏器官鲜色红，胃内散发苦杏仁味）可对本病做出诊断，如有必要可进行毒物检测。

【防治措施】本病的预防主要是不到有氰苷植物的地方放牧。若要用含氰苷的饲料喂羊，应先加工调制再饲喂。对发病羊可速用亚硝酸钠0.2克，配成5%注射液静脉注射，然后用10%硫代硫酸钠注射液10～20毫升静脉注射。

【诊疗注意事项】对中毒羊的治疗一是要快，否则病羊就可死亡。本病应与发病迅速、症状相似的亚硝酸盐及尿素中毒相鉴别。但亚硝酸盐中毒主要由食入青菜类饲料引起，黏膜、皮肤发绀，内脏器官外观色暗，血液色暗红、呈酱油色。尿素中毒有明显的神经症状，胃内有明显的氨臭味。

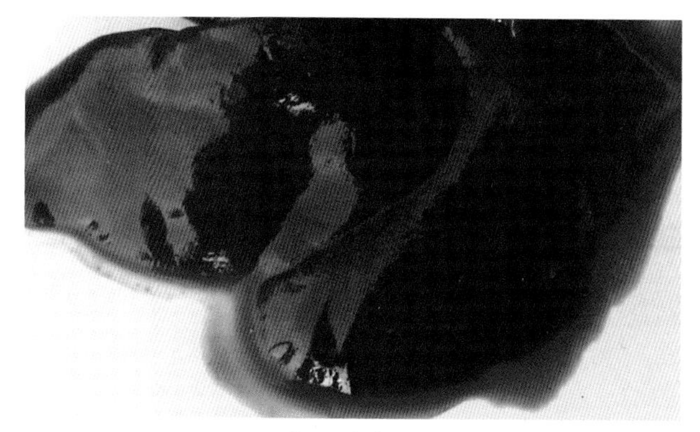

氢氰酸中毒

从肝脏流出的血液色鲜红，稀薄，凝固不良。(陈怀涛)

栎树叶中毒

栎树也称青杠树。栎树叶中毒是动物采食大量栎树叶后发生的以消化功能障碍和水肿为特征的疾病，发病季节明显，3～5月份发生，4月为发病高峰期，主要见于牛，绵羊、山羊等动物也可见到。

【病因】栎树叶中含有毒成分栎叶单宁。当动物食入大量栎叶、嫩枝后，栎叶单宁在胃肠可降解为毒性更大的多酚类化合物，引起出血性胃肠炎，当其吸入后引起肾病。

【典型症状与病变】动物食入栎树叶后1～2周发病，初期出现精神沉郁，消化障碍，反刍停止，前胃弛缓，粪便干硬等，随之出现腹痛，尿量由多变少，无尿，体躯下部（胸、腹下、会阴部、股内侧）发生皮下水肿，不排或排少量黑红色糊状粪便，最终病羊因肾功能衰竭死亡。剖检可见出血变化，肾肿大，色黄白，有出血斑点，浆膜腔有大量积液。

【诊断要点】根据食入栎树叶史、发病季节、典型症状（消化障碍，粪便干少，皮下水肿）与病变（出血性坏死性胃肠炎、肾病变、体腔积液）可做出诊断。

【防治措施】在栎树发芽生长期，不在栎树林放牧，不用栎树叶喂羊、垫圈。

无特效解毒疗法。为促进胃肠内容物排出，可用1%～3%盐水500毫升瓣胃注射。解毒可用5%～10%硫代硫酸钠10～20毫升静脉注射，每天一次，连用2～3天。为补液和防止酸中毒，可静脉注射碳酸氢钠液。

【诊疗注意事项】本病应以预防为主。因临诊有水肿症状，故本病注意与有些寄生虫病、肾脏病、尿石病等相鉴别。

鼻 炎

鼻炎是羊鼻黏膜的炎症性疾病。按炎症渗出物的性质可以分为浆液性、黏液性和化脓性鼻炎等。

【病因】原发性鼻炎主要是受寒感冒引起的，也可以由吸入尘埃、霉菌孢子以及有害气体刺激等而引起。鼻炎还可继发于许多传染病及寄生虫病（如羊狂蝇蛆病）等。

【典型症状与病变】急性鼻炎时，病羊表现摇头、喷鼻，在周围物体上摩擦鼻部。有时体温可能升高，精神沉郁。鼻液初期为浆液性，以后可转变为黏液性，甚至化脓性或出血化脓性。鼻液多而浓稠时，可明显影响呼吸。鼻腔黏膜潮红、肿胀，或有出血、坏死。慢性或继发性鼻炎一般病程较长，症状时轻时重。

【诊断要点】鼻炎可根据病理变化和临诊症状做确诊。

【防治措施】预防应防止羊受寒感冒和其他致病物对鼻黏膜的刺激。冬季羊舍应温暖、通风。鼻炎的局部治疗可采取温生理盐水、1%小苏打溶液或2%～3%硼酸溶液、1%磺胺溶液、1%明矾溶液、0.1%鞣酸溶液或0.1%高锰酸钾溶液，根据病情每天冲洗鼻腔1～2次，冲洗后涂以青霉素或磺胺药膏等。体温反应明显时，要及时应用磺胺类药物或抗生素进行全身治疗，继发性鼻炎应重视原发病的治疗，否则疗效往往不好。

【诊断注意事项】鼻炎由多种原因引起，常为多种疾病的局部表现，因此，除上述一般治疗方法外，要注意查明鼻炎的原因或原发病，进行针对性治疗，如对羊狂蝇蛆所致的鼻炎还要及时采取伊维菌素或阿维菌素等治疗方法。

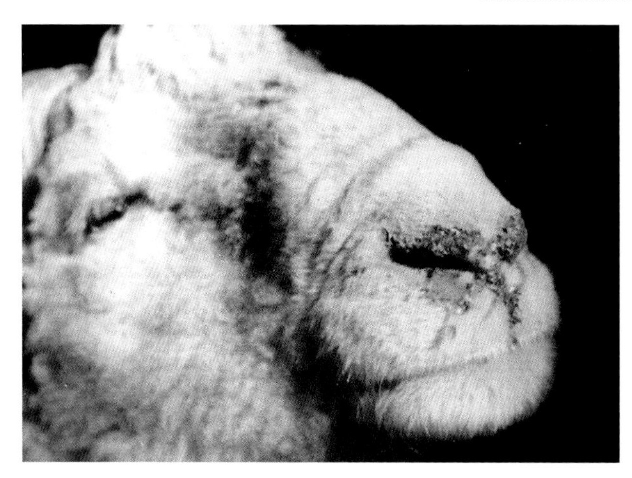

鼻 炎

鼻黏膜潮红，从鼻孔流出黏性鼻液。（贾宁）

前 胃 弛 缓

前胃弛缓是前胃兴奋性和收缩力降低而导致的疾病。临诊上主要表现食欲、反刍与嗳气功能障碍，前胃蠕动力减弱或停止，甚至继发酸中毒。

【病因】饲养管理不当，饲料单一，长期饲喂难以消化的饲料，如秸秆、麸皮等；或长期饲喂过多精料，而运动不足；或饲喂霉变、冰冻、缺乏矿物质的饲料等，都可使消化功能紊乱和前胃收缩力降低而引发本病。此外，瘤胃臌气、瘤胃积食、胃肠炎以及其他一些疾病，也可引起继发性前胃弛缓。

【典型症状与病变】急性前胃弛缓时，前胃因大量食物积聚而扩张，病羊食欲废绝，反刍停止，瘤胃蠕动力减弱或停止；瘤胃内容物发酵，产生气体，故左腹增大，触诊感觉内容物不坚实。慢性前胃弛缓时，病羊精神沉郁，四肢乏力，喜欢卧地，被毛粗乱，食欲减退，反刍缓慢，瘤胃蠕动力减弱，次数减少。如为继发性前胃弛缓，常伴有原发病的临诊症状。如继发于胃肠炎，则见肠蠕动增强和腹泻症状。

【诊断要点】根据症状和临诊检查，可以确认。

【防治措施】预防要加强饲养管理，消除病因。发现病羊，可采用以下方法治疗：

（1）对过食引起的病羊可采用饥饿疗法，禁食2 ~ 3天，然后供给易消化的饲料，使胃功能慢慢恢复正常。

（2）药物疗法可先投服泻剂，清理胃肠，再应用兴奋瘤胃蠕动和防腐止酵剂。泻剂如成年羊可用硫酸镁20 ~ 30克，石蜡油100 ~ 200毫升，番木鳖酊2毫升，大黄酊10毫升，加水500毫升，一次口服。为加强胃肠蠕动，可用10%氯化钠溶液20 ~ 30毫升，10%氯化钙注射液10毫升、生理盐水100毫升，混合后一次静脉注射；或用2%毛果芸香碱注射液1毫升，皮下注射。也可用酵母粉10克、红糖10克、酒精10毫升、陈皮酊5毫升，混合后加水适量灌服。为防止酸中毒，也可在上述混合剂中加入碳酸氢钠10 ~ 15克。

【诊疗注意事项】如为继发性前胃弛缓，应同时对原发疾病进行治疗。牛、羊的前胃弛缓与瘤胃疾病有不少相似之处，应注意鉴别。

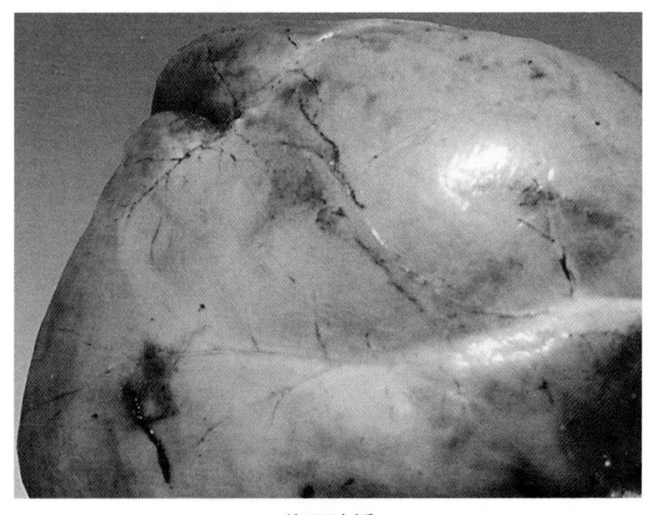

前胃弛缓

前胃因大量食物积聚而扩张。（贾宁）

急性瘤胃臌气

急性瘤胃臌气或瘤胃膨胀，是羊采食了大量易发酵的饲料，在瘤胃中迅速产生大量气体而引起，多见于春末、夏初放牧的羊群，且绵羊较山羊多见。

【病因】常因羊食入大量易发酵的饲料，如幼嫩的紫花苜蓿；秋季放牧羊群采食多量的豆科牧草；冬、春两季给怀孕母羊补饲时，如抢食过量；舍饲羊饲喂霜冻、霉变的饲料，或饲喂多量酒糟。剪毛时如发生肠扭转，也可继发急性瘤胃臌气。

【典型症状与病变】病羊食欲消失，烦躁不安，反刍和嗳气停止，腹部迅速膨大，腹围增大，左肷部明显向外突出，触诊左腹部紧张性增加，叩诊呈鼓音，瘤胃蠕动力减弱，次数减少。病羊呼吸困难，心跳加快，可视黏膜发绀，如不及时治疗，可迅速发生窒息或心脏麻痹而死亡。剖检见瘤胃高度膨胀，其中充满大量气体和含泡沫的糊状内容物，右心扩张，充满凝固不良的黑红色血液。

【诊断要点】根据病史和典型症状，可做出诊断。

【防治措施】本病预防要加强饲养管理，通常在放牧或饲喂青绿饲料前1周，要先饲喂青干草，以免饲料突然改变而引起羊只过食；严禁在苜蓿地、有冰霜的牧草地放牧；加强饲料的储藏与管理，防止霉败变质。治疗原则是迅速排除瘤胃气体，并制止食物继续发酵，可采用以下治疗方法。

（1）急性病羊　可立即插入胃管放气，或用5%碳酸氢钠溶液1 500毫升洗胃。必要时进行瘤胃穿刺放气。

（2）轻症病羊　来苏儿2.5毫升，或40%甲醛液1 ～ 3毫升，或氧化镁30克，加水适量，一次灌服。

（3）重症病羊　石蜡油100毫升、鱼石脂2克、酒精10毫升，加水适量，一次灌服，必要时隔15分钟后重复用药一次。

【诊疗注意事项】穿刺放气可用套管针或兽用16号针头在左肷部实施。放气整个过程和拔针头时一定要紧压腹壁，使腹壁紧贴瘤胃壁，以防胃内食物进入腹腔引起腹膜炎。

急性瘤胃鼓气

因瘤胃中有大量气体，故左侧肷部明显突出。（黄振华）

胃　肠　炎

胃肠炎是多种原因引起胃肠黏膜的炎症性疾病的总称，其特征是胃肠消化功能障碍所致的食欲不良、腹泻和自体中毒现象。

【病因】饲养管理不良（如食入冰冻、发霉、腐败饲料）、化学品刺激、生物性因素（大肠杆菌、副结核杆菌等）均可引起本病。

【典型症状与病变】病羊食欲不良或废绝，口腔干燥发臭，舌有黄白苔，也见有腹痛、腹泻症状，粪便稀臭，常混有黏液或血液，病羊的肛门周围和后肢内侧被粪便沾污。尿少色浓，消瘦，脱水，衰弱，体温升高，严重病例如治疗不及时可致死亡。尸体剖检可见皱胃和肠黏膜潮红、肿胀，有时有溃疡坏死，胃肠内容物稀薄。

【诊断要点】根据典型症状可做诊断。

【防治措施】加强饲养管理，防止不良饲料进入体内；预防原发病。治疗可用以下方法：

（1）青霉素40万～80万国际单位，链霉素0.5克，肌内注射，每天一次，连用5天。

（2）磺胺脒4 ～ 6克，碳酸氢钠3 ～ 5克，一次口服。

（3）5%葡萄糖注射液100 ～ 300毫升，樟脑磺酸钠注射液4毫升，维生素C 100毫克，混合静脉注射，每天一次，连用3天。

（4）中药方剂：白头翁12克，秦皮9克，黄连2克，黄芩3克，大黄3克，栀子3克，茯苓6克，泽泻6克，郁金9克，木香2克，山楂6克，水煎，一次灌服。

【诊疗注意事项】由于胃肠炎的原因很多，诊断时应仔细分析，除采取一般性治疗外，要注意针对性治疗，特别是治疗原发病。单纯胃炎，仅有食欲变化，如同时有腹泻、体温升高等症状，则兼有肠炎病变，应注意兼治。

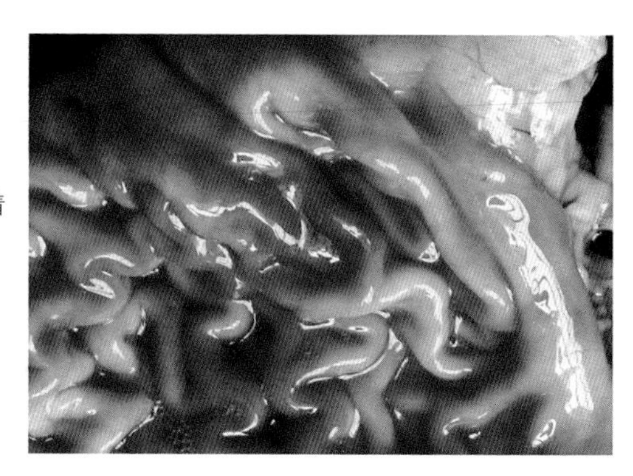

胃肠炎

胃黏膜充血、潮红，黏膜表面附着较多黏液。（贾宁）

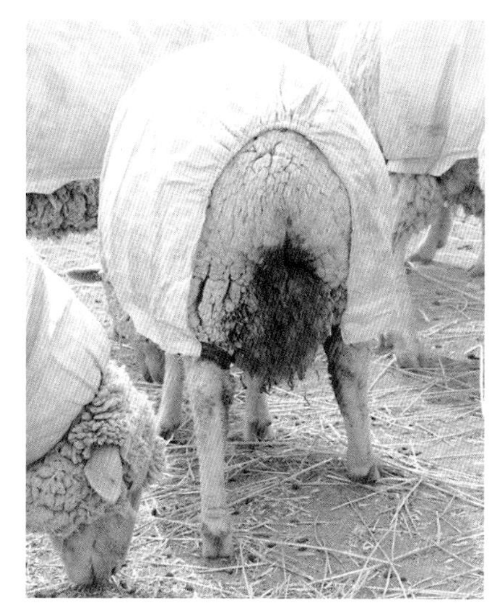

胃肠炎

病羊腹泻，肛门周围被毛和后肢内侧被粪便沾污。（黄振华）

创伤性网胃腹膜炎

创伤性网胃腹膜炎是指尖锐的异物随食物进入体内，刺穿网胃壁、膈肌甚至到达心脏，引起网胃炎、腹膜炎和心包炎等器官的一种疾病，牛、羊等反刍动物均可发生，临诊特征是消化、心脏功能严重障碍。

【病因】饲料中的尖锐异物（如铁钉、铁丝、针等）被羊误食是引起本病的原因。这类异物进入网胃后，在腹内高压（如瘤胃臌气，妊娠、分娩）的情况下可向前刺入网胃壁、膈肌、心包与心肌等脏器而引发本病。

【典型症状与病变】舍饲奶牛与山羊较多发生。疾病前期，病羊表现运步小心，食欲减退，反刍减少，瘤胃常有轻度臌气和前胃弛缓症状。在排粪和起卧过程中，常出现磨牙、呻吟等疼痛症状。有的体温升高。当异物刺入心包或心脏时，则病羊全身症状加重，精神沉郁，体温升高达40℃以上，心区有疼痛反应，心跳加快，也可出现心包摩擦音、拍水音。后期病羊颈静脉怒张，胸前、颌下常有水肿，体温降至常温。剖检时，可见异物的穿刺孔道及相关脏器的炎症变化，常有明显的纤维素性浆液性或化脓性腹膜炎、心包炎。但异物不一定能够找到。

【诊断要点】生前根据主要症状、病史，结合X线检查和金属探测仪进行诊断，死后根据剖检变化进一步明确本病。

【防治措施】本病的预防最重要。加强饲养管理，严防饲料中混入尖锐异物。本病确诊后应做瘤胃切开术取出异物，同时使用大剂量抗生素（如青霉素100万国际单位、链霉素100万单位肌内注射，连用3～5天），并给健胃、促进前胃运动和兴奋反刍的药物。如果已发生创伤性心包炎、心肌炎，病羊以尽快屠宰为宜。

【诊疗注意事项】本病虽有一些重要症状，但易被忽视与本病的联系，而缺乏先进设备的基层单位或养羊专业户，要做到生前的准确诊断就更难了，因此症状鉴别必须仔细。手术治疗仅用于症状较轻或疾病早期，如异物已穿入心脏或反复刺入腹腔脏器，实施手术的难度就很大，其结果往往不良。

创伤性网胃腹膜炎

一只山羊网胃壁被铁钉刺入（↑）。（甘肃农业大学兽医病理室）

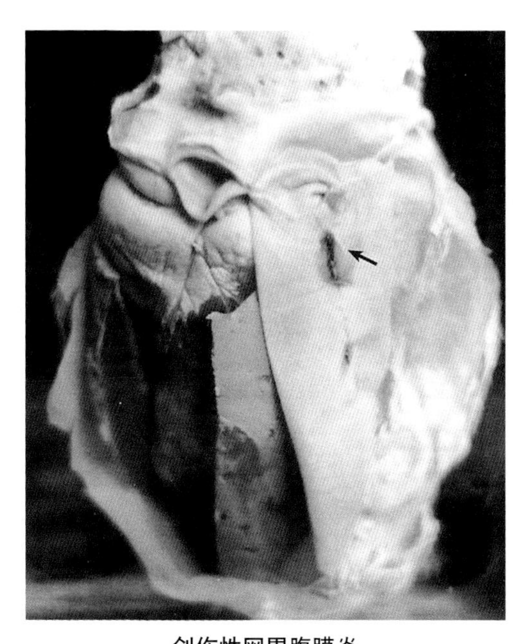

创伤性网胃腹膜炎

一个铁钉从心包刺入心脏（↑），引起心包积血和炎症。（甘肃农业大学兽医病理室）

乳 房 炎

乳房炎即乳腺、乳池和乳头的炎症性疾病，多见于泌乳期的绵羊、山羊，尤其奶山羊。其特征是乳腺组织发生各种类型的炎症反应，严重影响羊的泌乳功能和产奶量。

【病因】本病的病因比较复杂，其中机械损伤和细菌感染较为重要，如挤奶技术不熟练，使乳头、乳腺受损，挤奶工具不卫生，羔羊吃奶时咬伤乳头，乳房受细菌感染等。此外，在结核病、口蹄疫、羊痘及脓毒败血症等疾病时也可导致乳房炎的发生。

【典型症状与病变】临诊症状因炎症类型不同而异。急性乳房炎一般表现病部乳房红、肿、热、痛、泌乳量明显减少，乳汁性状也发生改变。乳汁中常混有血液、脓汁及絮状物等，呈褐色或淡红色。病羊体温可升高达41℃，食欲明显减退或废绝，瘤胃蠕动和反刍停止。挤奶或羔羊吃奶时，病羊抗拒、闪躲。当炎症变为慢性时，则病程延长，乳房变硬，功能丧失。化脓性乳房炎时乳腺可形成脓肿及向体外排脓。结核病时乳腺或其他内脏器官可形成结核结节和干酪样坏死。

【诊断要点】根据症状和乳房病理变化，一般可做出诊断，必要时可进行微生物检查。

【防治措施】本病的预防要注意保持羊圈的清洁卫生，定期消毒，保持乳房清洁，每次挤奶前要用温水对乳房、乳头进行清洗，再用毛巾擦干，挤乳后用0.05%新洁尔灭溶液擦拭乳头；防止机械或负压过大引起乳头管黏膜及皮肤损伤；干乳期可将抗生素注入每个乳头管内。治疗可采用40万国际单位青霉素、0.5%盐酸普鲁卡因注射液5毫升、蒸馏水10毫升，混合溶解后用乳头导管注入乳头内，每天两次。注射前应用酒精消毒乳头，并挤出乳房内乳汁，注射后轻揉乳腺。也可将上述溶液注入乳腺部，以便消炎杀菌。

为促进炎性渗出物消散、吸收，炎症初期可冷敷乳房，2 ~ 3天后改用热敷，即用10%硫酸镁溶液1 000毫升，加热至45℃，每天热敷乳房1 ~ 2次，连用4 ~ 5天。

中药方剂治疗：当归15克，生地黄6克，蒲公英30克，金银花12克，连翘6克，赤芍6克，川芎6克，瓜蒌6克，龙胆草12克，栀子6克，甘草10克，共研细末，开水调服或水煎灌服，每天1剂，连用5天。

【诊疗注意事项】本病的治疗应建立在正确诊断的基础上。只有病因查明，治疗才有针对性，疗效才会更好。如乳房炎并发于其他疾病，应以治疗原发病为主。

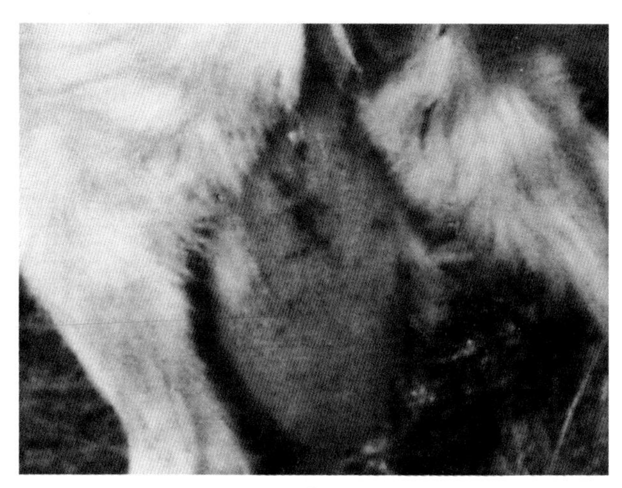

乳房炎

乳房肿胀，潮红，疼痛。(贾宁)

乳房炎

乳房潮红、肿大。乳汁稀薄，其中有凝乳块。(陈怀涛)

乳 头 状 瘤

乳头状瘤是来源于皮肤组织的一种良性肿瘤，其形状常为结节状或乳头状。

【病因】乳头状瘤可由非传染性致瘤因素和传染性致瘤因素（病毒）引起。

【典型症状与病变】乳头状瘤可发生于体表任何部位的皮肤，较多见于头部、颈部、胸部和乳房。但带瘤羊多无明显症状。肿瘤呈结节状或乳头状，突出于皮肤表面。一般瘤体较小，单个存在，有时数目较多。质硬，表面不平或呈刺状。有时因摩擦而出血或化脓、坏死。切面见局部皮肤增厚并向外突出。肿瘤中有一些致密结缔组织。由病毒引起的肿瘤，往往在某一部位可见多个肿瘤发生。肿瘤主要由皮肤鳞状上皮突起所组成，突起中有结缔组织伸入。瘤组织表面常有明显的角化。

【诊断要点】根据症状及病理改变可做出诊断。

【防治措施】加强饲养管理，防止皮肤受损感染病毒。对于单个小肿瘤，一般可不治疗，如瘤体较大可手术切除。

【诊疗注意事项】当皮肤有异常生长物时，要根据其形态和生长速度确定其性质，必要时可取材作组织学诊断。皮肤的良性肿瘤应注意和恶性肿瘤鉴别。

乳头状瘤

乳头状瘤突出于皮肤，质地硬脆，表面不平。(王雯慧)

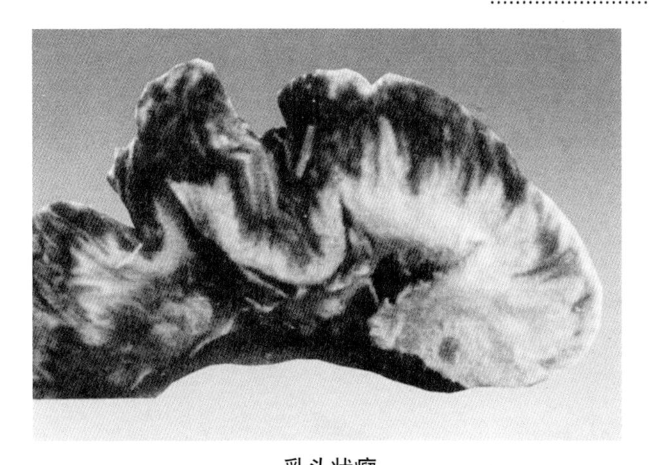

乳头状瘤

上图肿瘤的切面，可见皮肤向外生长成许多突起，使肿瘤表面高低不平。（王雯慧）

淋 巴 肉 瘤

淋巴肉瘤是淋巴组织的一种恶性肿瘤，也称恶性淋巴瘤、淋巴组织增生病、白血病等。

【病因】本病病因目前仍不清楚。

【典型症状与病变】淋巴肉瘤按发生部位可分为多中心型、胸腺型、消化道型与皮肤型等。多中心型可见淋巴结广泛受害，以髂下淋巴结、纵隔淋巴结和颈浅淋巴结受损更严重。脾、肝、肾、心脏、皱胃、小肠等也可出现肿瘤病变。受害淋巴结增大、变形，质地坚实，表面可有结节状隆起，切面出现大小不等的灰白色肿瘤结节或正常淋巴组织完全被肿瘤组织取代。瘤结有包膜，与周围界限清楚，有的甚至有出血、坏死。其他组织器官的淋巴肉瘤往往呈大小不等的结节状。组织上肿瘤细胞可分为干细胞型、网状细胞型、成淋巴细胞型与淋巴细胞型。

淋巴肉瘤时，由于发生部位和病变程度不同，多有全身或某系统功能障碍症状，如精神沉郁，食欲降低，血液中不成熟淋巴细胞增多等。

【诊断要点】根据症状及病理改变可做出诊断。

【防治措施】本病尚无有效预防和治疗措施。病羊应尽早淘汰。

【诊疗注意事项】死后剖检并做组织学检查易做出准确诊断，但生前诊断存在一定困难，因为根据淋巴结的肿大常和淋巴结的炎症相混淆。如体内淋巴结肿大，临诊很难查明。因此，本病的诊断必须仔细，尽量以组织学和血液细胞检查加以证实。

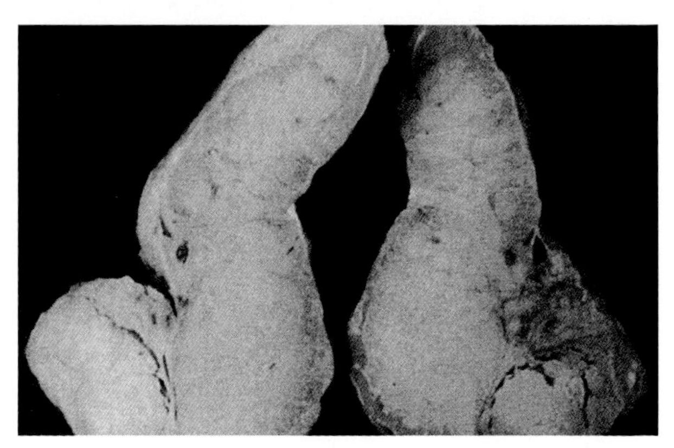

淋巴肉瘤

山羊颈浅淋巴结：高度肿大，变形，约正常的数十倍，质地坚实，切面灰红，可见有包膜的结节。(薛登民)

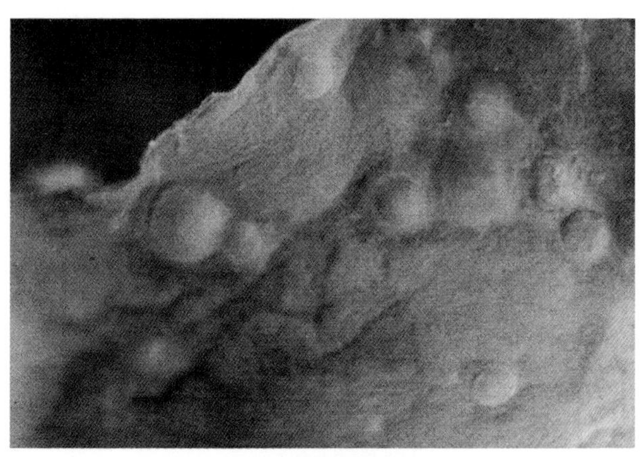

淋巴肉瘤

羊肝脏：在肝脏表面有一些大小不等的圆形微隆起的肿瘤结节，色灰白，界限明显。(薛登民)

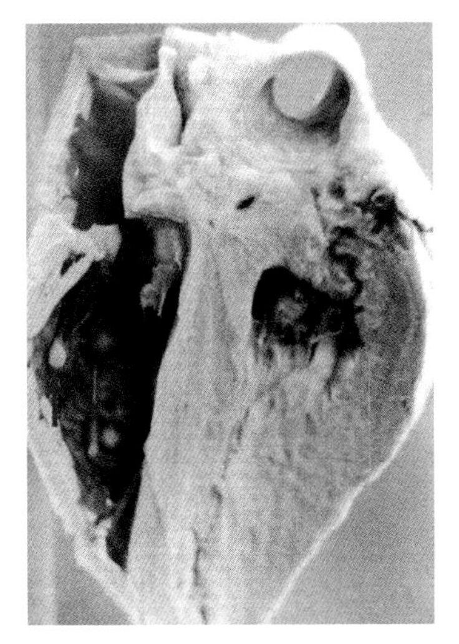

淋巴肉瘤

羊心脏：右心内膜上有几个圆形肿瘤结节，呈灰白色。（薛登民）

山羊肛门癌

山羊肛门癌是发生于山羊肛门附近皮肤的一种恶性肿瘤，在我国见于甘肃、西藏、青海等地。国外也有报道。肛门癌发生于老龄白山羊，杂色者很少，黑山羊尚未发现。

【病因】本病的病因仍不十分明确，一般认为可能与紫外线的长期作用有关。

【典型症状与病变】本病病变主要位于尾根下、肛门及其周围皮肤，也可发生于肛门与阴门之间、阴门及其附近。肿瘤为单发或多发。初期病变呈小结节状，局部皮肤粗糙，色灰红或灰白，以后结节融合，形状不规则或呈花椰菜状，其表面粗糙，并常因摩擦感染而出血、化脓或坏死，故常有恶臭。病羊患部敏感，排便痛苦，严重时后躯下蹲似犬坐姿势。病程较长时，病羊精神沉郁，明显消瘦。组织上，病变为鳞状上皮细胞癌变化，但癌珠较少。

【诊断要点】根据肿瘤发生部位和病理改变可做出诊断。

【防治措施】防止山羊长期暴晒放牧，夏、秋季放牧最好在早晚紫外线较弱的时候进行，发现病羊尽早淘汰。疾病早期也可试用外科手术切除肿瘤。

【诊疗注意事项】本病较易诊断，但注意勿与肛门部皮肤的外伤或其他病变混淆。

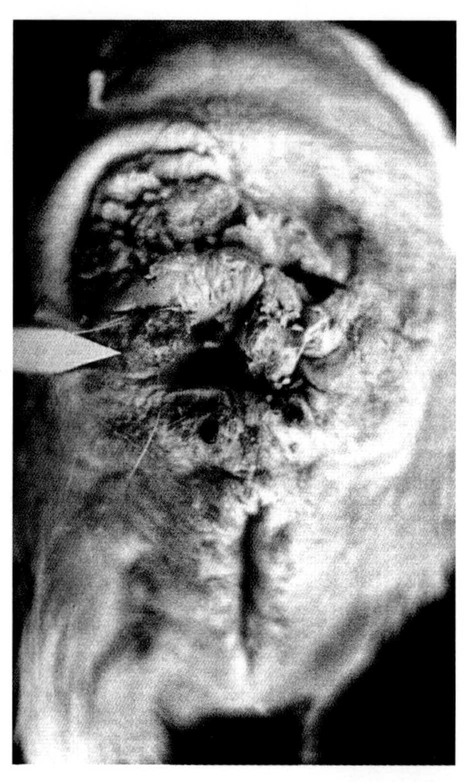

山羊肛门癌

肛门（↑）附近的皮肤高低不平，局部组织坏死、出血。（甘肃农业大学兽医病理室）

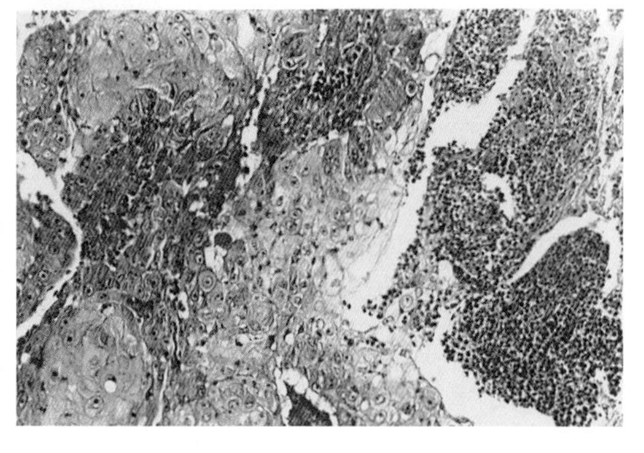

山羊肛门癌

癌细胞连片成巢，未见癌珠形成；癌细胞异型性较大，核仁明显，双核仁者多见；癌巢间中性粒细胞大量浸润，也见出血。HE×200（甘肃农业大学兽医病理室）

肝　癌

肝癌是发源于肝脏上皮细胞或胆管上皮细胞的一种恶性肿瘤。

【病因】本病的病因仍不明确。可能与长期饲喂霉变饲料或接触有毒有害的化学物质有关。

【典型症状与病变】本病早期不易觉察。随疾病发展，病羊出现食欲减退、逐渐消瘦、精神沉郁、行走缓慢和无力等症状，有时结膜发黄，最终多因衰竭而死亡。尸检，肝脏表面和切面可见数量不等、大小不一的黄白色或灰白色肿瘤结节，与周围组织界限明显，但无包膜。肝被膜下的瘤结常向外隆突，致使表面高低不平。较大的肿瘤结节中常有出血、坏死，因此，质地变软，切面颜色不均。常在肺脏、脾脏和淋巴结等器官可见转移性肿瘤。组织上，肝细胞性肝癌，癌细胞异型性较大，其形态与肝细胞有一定相似，呈圆形或多边形，胞浆淡染，胞核大，可见分裂象，核仁清楚。癌细胞积聚成巢团状，排列散乱，无结缔组织间质。胆管细胞性肝癌，癌细胞的形态类似肝内胆管上皮，排列成团块或腺管形，管腔中可见黏液。胞核大，核仁清楚，可见较多核分裂象。

【诊断要点】生前难以做出诊断。死后根据肝脏的结节状病变，特别是组织学检查可做出诊断。

【防治措施】肝癌的预防主要是加强饲养管理，杜绝饲喂霉变饲料。

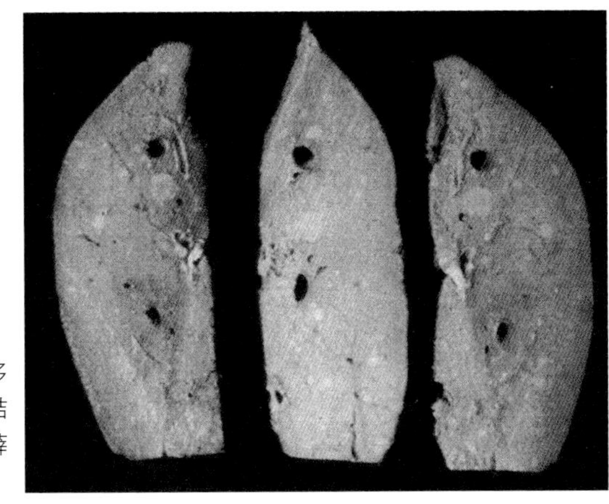

肝　癌

羊肝癌：肝表面和切面有许多大小不等的圆形、黄白色肿瘤结节，其界限明显，但无包膜。（薛登民）

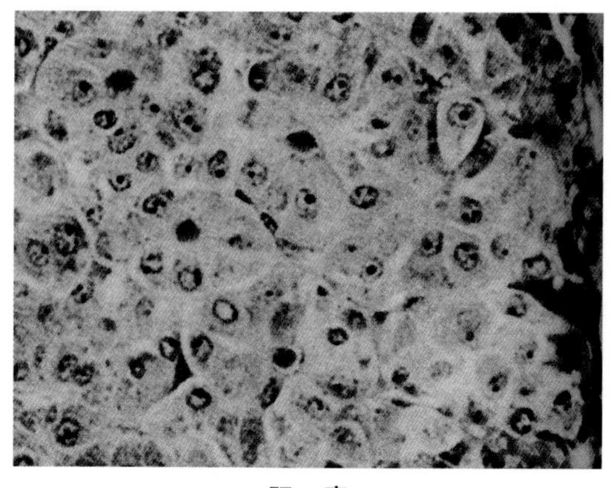

肝 癌

羊肝癌：癌细胞相似于肝细胞，大而淡染，周围肝细胞（右侧）受压萎缩。HE×400（薛登民）

恶性血管内皮细胞瘤

恶性血管内皮细胞瘤又称血管内皮细胞肉瘤或血管肉瘤，是由血管内皮细胞发生的一种恶性肿瘤，犬、猫、反刍动物、马属动物等都可发生，羊、犬较多见。

【病因】不大清楚，可能与有些致癌性物质对机体组织器官的损害有关。

【典型症状与病变】位于体表的血管肉瘤常突出呈结节状，质脆，易出血、发炎、坏死。位于内脏器官的肿瘤，常多发。肿瘤中后期动物常有精神沉郁，消瘦、贫血或呼吸、消化功能障碍现象，但很难怀疑为本病。多数病例于动物屠宰时才被发现。眼观脏器分布大小不等的红色、暗红色或稍带灰色的结节状病变，质地较实在。组织上肿瘤由恶性增生的血管内皮细胞构成，血管腔大小不等，形状不规则。

【诊断要点】位于皮肤的肿瘤可通过组织学检查做出确诊，体内的血管肉瘤可在动物生前通过B超检查做出初步诊断。

【防治措施】加强饲养管理，防止有毒有害的物质进入体内。加强皮肤的保护，防止其损害。肿瘤早期可以通过外科手术彻底切除。

【诊疗注意事项】血管肉瘤为恶性，必须早诊断早治疗。诊断时应与炎性疾病、肉芽组织或其他肿瘤相鉴别。

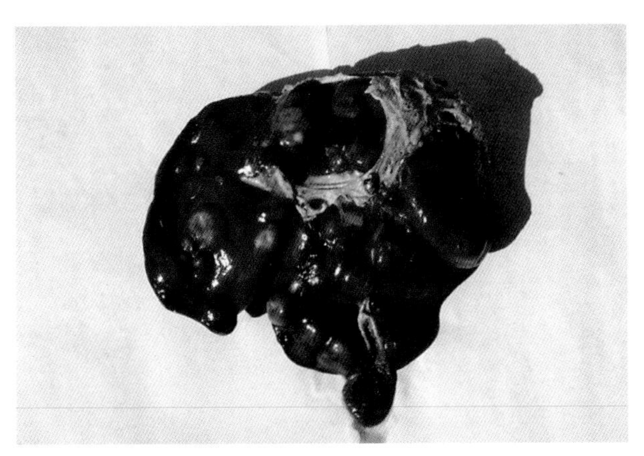

血管肉瘤

羊肝血管肉瘤：肝脏表面见大小不等的肿瘤结节，呈灰白色或黑红色，较大结节的中心常凹陷。(陈怀涛，哈斯)

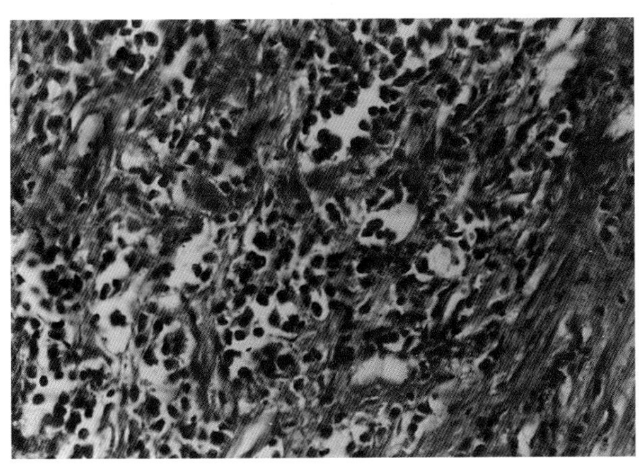

血管肉瘤

羊肝血管肉瘤：肝窦内皮细胞恶性增生，瘤细胞异型性大，有些向血管腔隙生长，甚至进入腔中，血管大小不一，管腔不规则，血管间有少量结缔组织。HE×400（陈怀涛）

图书在版编目（CIP）数据

羊病诊疗原色图谱 / 陈怀涛，贾宁主编. — 2版
.—北京：中国农业出版社，2015.1
（兽医临床诊疗宝典）
ISBN 978-7-109-19137-2

Ⅰ. ①羊… Ⅱ. ①陈… ②贾… Ⅲ. ①羊病—诊疗—图谱 Ⅳ. ①S858.26-64

中国版本图书馆CIP数据核字（2014）第087822号

中国农业出版社出版
（北京市朝阳区麦子店街18号楼）
（邮政编码 100125）
责任编辑 颜景辰

北京中科印刷有限公司印刷 新华书店北京发行所发行
2015年 3月第1版 2015年3月北京第1次印刷

开本：889mm×1194mm 1/32 印张：5.125
字数：145千字
定价：62.00元